兽医临床治疗学

郭昌明　张志刚　主编

中国农业出版社
北　京

编 者 名 单

主　编　郭昌明　吉林大学动物医学学院

张志刚　东北农业大学动物医学学院

副主编　杨正涛　教　授　佛山科学技术学院

潘志忠　副教授　松原职业技术学院农牧科技分院

刘国文　教　授　吉林大学动物医学学院

贺文琦　教　授　吉林大学动物医学学院

参　编　王新平　教　授　吉林大学动物医学学院

付云贺　教　授　吉林大学动物医学学院

张泽才　教　授　黑龙江八一农垦大学

李心慰　教　授　吉林大学动物医学学院

袁　宝　教　授　吉林大学动物科学学院

高瑞峰　副教授　内蒙古农业大学

魏正凯　教　授　佛山科学技术学院

曹永国　教　授　吉林大学动物医学学院

张文龙　讲　师　吉林大学动物医学学院

谢光洪　教　授　吉林大学动物医学学院

付本懂　教　授　吉林大学动物医学学院

雷连成　教　授　吉林大学动物医学学院

伊鹏霏　教　授　吉林大学动物医学学院

薛江东　副教授　内蒙古民族大学动物科技学院

杨占清　高级实验师　吉林大学动物医学学院

张　希　护　师　吉林省人民医院感染科

李思雨　博　士　东北农业大学动物医学学院

郑晓妍　硕　士　东北农业大学动物医学学院

于　璐　硕　士　东北农业大学动物医学学院

周艳红　高级兽医师　沈阳市动物疫病预防控制中心

韩学敏　兽医师　内蒙古赤峰市动物疫病预防控制中心

主　审　王　哲　教　授　吉林大学动物医学学院

张乃生　教　授　吉林大学动物医学学院

前言

面对百年未有之大变局，深入推进“双一流”建设的关键时期，完善教学体系建设是“双一流”建设的要求之一。教材建设是提高人才培养质量、推动教育教学改革、促进教学团队建设的有效手段。教材建设配合新版本科人才培养方案可进一步提高学科整体水平。为此，我们集结全国各大院校优秀教师和基层临床兽医人才编写《兽医临床治疗学》，落实教育部“十四五”规划教材建设项目和“双一流”建设要求，适应我国新时期畜牧行业发展的实际需求。

高等教育的目标是培养高级专业人才，为我国社会经济快速发展提供高素质人才保障。动物医学专业属于实践性较强的应用型专业，为畜牧兽医行业培养高水平专业人才。兽医临床治疗学是实践性很强的一门学科，是在动物医学专业各学科理论的基础上，对各种专业知识的综合应用，解决实际病例和生产问题的一门学科。本学科侧重理论联系实践，教学方式对培养兽医临床思维与实践能力、提高学生的综合素质有着重要的作用。

动物疾病是我国畜牧业向深层次、高效益方向发展的主要障碍，是现阶段制约我国养殖业发展的突出问题之一。专业兽医从业人才缺乏，使得我国的畜牧养殖水平和生产效率不高。同时，随着宠物医疗行业体量增大，宠物兽医人才严重缺乏的问题也逐渐凸显。目前，我国各大院校动物医学专业培养出来的学生还存在临床实践能力弱的问题，这就要求我们加强兽医临床治疗学教学与实践改革，增加理论与实践教学学时数，重视兽医临床训练，提高学生综合能力。

兽医临床治疗学是研究动物疾病的治疗与处置技术方法的学科。本教材共三章内容，整理了60多种临床治疗技术和方法，可指导临床教学和临床实践。第一章是兽医临床治疗学概述，包括疾病与疾病的发生、疾病与治疗；第二章是兽医临床治疗技术，包括药物投服法、冲洗法、灌肠法与破结术、产道助产术、注射法、穿刺术、外科与手术等；第三章是兽医临床治疗方法，包括输液疗法、输血、给氧、化学药物疗法、物理疗法、病理机制疗法等。本教材突出兽医治疗技能实践操作和临床应用，可作为动物医学专业学生用书和兽医从业人员参考工具书等。

由于本书涉及的学科较多，编者的理论水平和临床经验有限，疏漏之处在所难免，敬请读者不吝指正，以便再版之时及时纠正和补充，使本书更加完善。

编　者

2022年3月

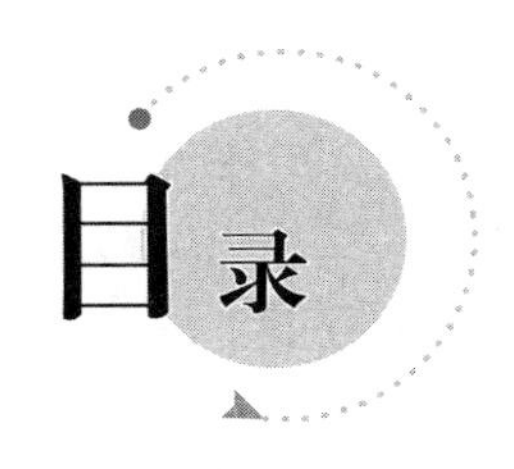
目录

第一章　治疗学概述

第一节　疾病与疾病的发生

一、疾病的概念

疾病是与健康相对的一个概念。对于疾病本质的认识，已经经历了多个世纪的发展，但至今人们对疾病概念的认识仍在不断深化。

现代医学认为，疾病是机体在一定条件下与致病因素相互作用而发生的损害与抗损害的复杂斗争过程，也是机体的自稳态及对立统一系统破坏的过程。在这一过程中，机体各层次、各部位的结构和功能发生改变，体内外平衡发生紊乱，从而出现各种异常症状。

二、疾病的原因

了解疾病的原因是很重要的，只有明确发病的原因，才能有针对性地治疗和预防疾病。

（一）疾病发生的外因

疾病发生的外因，也就是使机体发生疾病的外界致病因素。

1. 物理性致病因素　包括各种机械力（引起创伤、挫伤、骨折和震荡等）、电离辐射（引起放射病等）、高温（引起烧伤、日射病和热射病等）、低温（引起冻伤和风湿病等）、电流（引起电击伤等）、大气压力改变、噪声和光能（过量的红外线和紫外线引起的损伤等）等。

2. 化学性致病因素　大致可分为无机化合物：强酸、强碱、氧化砷和氯化汞等；有机化合物：醇、醚、酚、氰化物、有机磷和有机氯等；生物性化合物：蛇毒、蜂毒和斑蝥毒等；军用毒物：芥子气、光气和沙林等。

3. 生物性致病因素　包括各种类型的致病菌、真菌、病毒和寄生虫等，是动物发生各种内外科感染、传染病和寄生虫病等的主要原因。

4. 机体必需营养物质的不足或过多　维持机体正常生命活动所必需的物质缺乏或过度蓄积，都能引发疾病，如维生素、微量元素以及水、氧、糖、蛋白质和脂肪等。

（二）疾病发生的内因

一般包括防御适应能力、机体对致病因子的反应性和机体的遗传、免疫特性。

1. 机体的防御能力降低　主要包括以下两方面：

（1）外部屏障结构破坏及机能障碍　机体的外部屏障结构主要由皮肤和黏膜组成。此外，某些肌肉、骨骼和结缔组织等，也在一定程度上有保护体腔脏器，特别是生命重要器官的作用。

（2）内部屏障结构破坏及机能障碍　机体的内部屏障主要包括淋巴结、各种吞噬细胞、特异性免疫细胞、血管屏障、血脑屏障、胎盘屏障、解毒和排毒器官等。

2. 机体的适应能力降低 机体的适应能力是通过神经-体液活动来实现的。一般认为，垂体-肾上腺系统在机体的适应性调控过程中起着重要作用。当机体遭受到较强烈的刺激后，引起交感神经兴奋，垂体前叶分泌促肾上腺皮质激素增多，使肾上腺素分泌增多，进而引起心、肺功能增强，能量代谢提高，从而起到维持内环境稳定的作用，这就是所谓的应激反应。当垂体-肾上腺系统功能障碍时，机体就不能对有害的外界刺激产生适应性反应，于是就引发了疾病。

3. 体质及机体反应性改变 体质是机体在遗传基础上与外界环境条件相互作用形成的比较稳定的机能、代谢及形态结构特性的总和。在一定条件下，机体的遗传性对疾病的发生有重要影响。同样，机体的反应性也与机体的遗传基础有关系，机体反应常因种属、性别、年龄和个体等不同而显示明显的差异。

（三）疾病发生的诱因

疾病是否发生，外因是条件，内因是根据，而内因与外因之间还必须有媒介物使它们发生联系，这种媒介物就是诱因。直接传递各种外界致病因子的媒介物，即为疾病发生的直接诱因。另外，内外因之间是否发生联系，还受社会和自然条件等因素的影响，这些因素就是疾病发生的间接诱因。

三、疾病发展过程的一般规律

（一）损伤与抗损伤的斗争

在疾病发展过程中，致病因素引起的各种病理性损伤同机体的抗损伤反应相互斗争，并贯穿疾病发展过程的始终。斗争双方的力量对比，决定疾病发展的方向和结局。例如，感染性炎症过程即为致病菌引起的损伤与机体抗损伤的过程，当致病菌引起的损伤占优势时，可能导致败血症，甚至死亡；当机体抗损伤的力量强时，机体就会康复。兽医通过帮助机体增强抗损伤的能力而达到治疗的目的。

损伤与抗损伤斗争，有一定阶段性，在不同阶段中，抗损伤反应对机体的意义有所不同。在一个阶段对机体有益的反应，在另一阶段可能变为有害反应，在治疗时应予以注意。

（二）因果关系及其转化

原始病因引起的初期病理变化这一结果，又会成为新的病因，引发下一个病理变化。疾病就是这种因果交替变化形成的锁链式发展过程。重要的问题是，在这一锁链上的不同环节，对疾病发生和发展的意义和作用也不同。其中，决定病程发展和影响疾病转归的主要变化为主导环节，如创伤性大出血的主导环节是血容量减少。病程发展的不同阶段，其主导环节也可能不同，即主导环节可随病程发展而转化。治疗时，就是要善于抓住病程不同发展阶段的主导环节。抓住主要矛盾，疾病就“迎刃而解”了。

（三）局部和整体

疾病过程中的病理变化，有时表现为局部性的，有时表现为全身性的。但应明确，任何局部的病理变化都是整体疾病的组成部分。换言之，任何疾病都是完整统一机体的复杂反应，局部既受整体影响，同时它又影响整体。关键问题是，在临床治疗时，要善于分析和判断全身和局部的病理变化，哪一个是疾病的主导环节。在认识和对待疾病时，既应从整体观念出发，又不能忽视局部的变化。

第二节　疾病与治疗

一、治疗的目的及分类

治疗患病动物的目的，就是采用各种治疗方法和措施，消除病因，保护机体的生理功能并调整其各种功能之间的协调平衡关系，增强机体的抗病能力，使之尽快康复。

（一）按治疗手段的特点和性质分类

1. 化学疗法　应用化学药物或化学制剂治疗疾病的一种方法，在临床上应用最为广泛。化学疗法所应用的化学物质种类繁多。例如，有能抑制或杀灭致病微生物的抗生素药、磺胺类药、呋喃类药和抗真菌药等；有能驱除或杀灭体内外寄生虫的抗蠕虫药、抗原虫药和杀虫药等，以上属于对因治疗。还有些化学药物能消除疾病的某一或某些症状，如解热药、镇痛药和利尿药等，这些属于对症治疗。此外，化学药物还可用于替代疗法、营养疗法、调节神经营养功能疗法和刺激疗法。还有对恶性肿瘤有选择性抑制作用的化疗药等。

2. 物理疗法　应用冷、热、光、电、磁场、放射线以及机械性刺激等物理因子治疗疾病的方法。在临床应用中起到了重要的治疗作用，形成了治疗学中一个重要分支学科，称为理疗学。随着科学技术进展，理疗学发展很快，新的医疗技术和新的医疗仪器层出不穷，如激光疗法和冷冻疗法等，为兽医临床治疗学增添了新的内容。

物理疗法的治疗机制是通过物理性刺激疗法，直接或间接作用于机体从而达到治疗疾病的目的。物理因素对机体的作用具有非特异性。

3. 手术疗法　即通过对患病动物施行外科手术，以达到治疗目的的方法。随着兽医外科学和实验外科学的不断发展，手术疗法已成为治疗许多疾病的有效方法。这些疾病不仅包括外科病，也包括内科、产科、传染病和寄生虫病等。手术疗法的效果既决定于手术的过程本身及其技巧，也与术后的化学疗法、物理疗法及护理有关。术前准备、术中操作和术后护理是手术疗法中三个必要的环节。

4. 中兽医疗法　祖国传统兽医学中具有独立系统和独特效果的疗法。它包括中兽药疗法和针灸疗法等，治疗效果明显。特别是中兽医疗法，对于某些疾病的治疗有其独特的优势，所以一直传延至今并不断发展进步。目前，中兽医和现代兽医相结合的疗法，在动物疾病的治疗过程中取得了丰硕的成果。

（二）按治疗作用机制分类

1. 病原疗法　也叫病因疗法或对因疗法。其直接目的是消除致病因素，使疾病痊愈，它具有根本的治疗作用。当机体内有明确致病因素存在，并且持续发挥致病作用时，应力求采用本法。病原疗法的主要手段有：①特异性生物制剂疗法；②对抗病原的化学疗法；③营养疗法；④替代疗法；⑤手术疗法。

病原疗法应用范围广泛，包括大多数传染病、寄生虫病、全身或局部感染性疾病、某些营养缺乏和代谢紊乱性疾病、某些中毒病和某些宜施行手术根治的局部或器官病变等。

2. 对症疗法　也叫症状疗法，是针对病畜所表现的症状进行治疗的方法。一般情况下，对症疗法虽然达不到治本的目的，但可减轻或消除其主要症状，切断疾病发展过程中锁链式的恶性循环，阻止病程发展，在临床治疗中具有重要的实际意义。特别对于某些急性经过的病例，应及时地采用对症治疗，以缓解病情，争取时间，为进一步治疗提供条件，所谓“急则治标、缓则治本”就是这个意思。

对症治疗要分清症状的主次，即必须抓住影响整个病程发展的主要矛盾和主导环节，不能一见发热就解热，一见疼痛就镇痛。

对症治疗最重要的手段是药物疗法。此外，还有某些手术疗法、营养疗法和物理疗法等。

3. 病理机制疗法 包括各种刺激疗法和调节神经营养机能的疗法。

（1）非特异性刺激疗法 如蛋白疗法、自家血疗法、同质血或异质血疗法等。

（2）调节神经营养功能疗法 如保护性抑制疗法（应用某些麻醉、镇痛、镇静剂抑制剧烈疼痛性疾病和睡眠疗法等）、封闭疗法和饥饿疗法等。

4. 替代疗法 补充机体缺乏或损失的物质，以达到治疗目的的方法，包括输血疗法、激素疗法和维生素疗法等。

二、治疗的基本原则

（一）力求根治的治疗原则

任何疾病，都要明确其发病原因，并力求消除病因，达到根治的目的。在进行病原疗法的同时，并不排斥配合应用必要的其他疗法，有些疾病的病因没有明确，当然无法对因治疗；有的疾病虽然病因明确，但缺乏对因治疗的有效药物，也只能进行切实的对症治疗。特别是当症状成为疾病发展过程中的致命危险时，及时地对症治疗更有必要。

（二）积极主动的治疗原则

只有积极主动地治疗，才能及时发挥治疗的作用，防止病情蔓延，阻断病程的发展，迅速而有效地消除疾病，使病畜康复。

积极主动地治疗，就要贯彻以预防为主的方针，健全检疫、防疫和驱虫制度，进行科学的饲养管理，做必要的预防性治疗。积极主动地治疗，还要遵循“早发现、早诊断、早治疗”的原则，将疾病消灭在早期。积极主动地治疗，也要针对病情，尽量采用特效疗法。应用首选药物，给予足够剂量进行突击性治疗，以期最快、最彻底地消灭疾病。积极主动地治疗，更要坚持按疗程治疗，尤其在应用抗菌药物治疗时，更应注意这一点。如果病情好转就停药，可能会使疾病出现反复，还会引起抗药性等不良后果。

（三）综合性的治疗原则

就是根据具体病例的实际情况，选取多种治疗手段和方法，进行必要的配合与综合运用，以发挥各种方法相互配合的优势，相辅相成，达到更好的治疗效果。临床兽医师的任务，就在于综合分析病畜和疾病的具体情况，合理地选择和组合治疗方法。如对因疗法配合对症治疗，局部疗法配合全身疗法，手术疗法配合药物疗法、物理疗法和营养疗法等综合性的术后措施。

（四）生理性的治疗原则

就是在治疗疾病时，必须注意保护机体的生理机能，增强机体的抵抗力，促进机体的代偿和修复，扶植机体的抗损伤机能，使病势向良好方向转化，以加速其康复。换言之，本原则就是要求临床兽医师顺应动物机体在进化过程中获得的强大抵抗力和自愈能力，来帮助机体战胜疾病，而不是代替机体战胜疾病。

（五）个体性的治疗原则

即在治疗时，应该考虑病畜的种属特性、品种特点以及不同年龄和性别条件等，掌握个体性的差异，进行个体性的治疗。对具体病畜进行具体分析，是进行个体治疗的出发点。

还有许多治疗原则，如局部治疗和全身治疗相结合的原则、治疗与护理相结合的原则等。

综上所述，总的治疗原则是：在生理性和个体性治疗的前提下，应以病原疗法为基础，配合其他的必要疗法进行综合性治疗。而一切治疗措施，都必须遵循积极主动的治疗原则。

三、有效治疗的前提和保证

（一）正确的诊断

在临床治疗工作中，只有经过对病畜的系统诊查，对疾病的本质有了一定认识之后，才能提出恰当的治疗原则和科学的治疗方案。否则，治疗就会带有一定的盲目性。因此，正确的诊断是合理治疗的前提和依据。

正确的诊断，首先要求查明病因，做出病因学诊断。为此，应详细调查病史，注意发现疾病的特征性症状，即示病症状，还要配合对病理材料的检验分析，必要时可通过实验室诊断以明确病因。

正确的诊断，不但需要明确病名，而且需要阐明疾病的基本性质和主要被侵害的器官和部位，还应分清症状的主次，明确主导的病理环节，明确疾病的类型、病期和程度等。对复杂病例还要弄清原发病和继发病，主要疾病与并发病及其相互关系。完整的诊断还应包括对预后的判断。

诊断要强调“早”字，因为早期诊断是积极主动治疗的重要保证。所以，研究各种疾病的亚临床指标和早期诊断依据，是兽医临床工作的重要课题。

诊断是治疗的前提，而治疗又可以验证诊断，为修正和完善诊断提示方向。在这个意义上讲，诊断和治疗是辩证的统一，两者是相辅相成的。

（二）适宜的护理

这是取得有效治疗的重要保证。护理失宜，有时甚至会导致治疗失败。

良好的护理，要针对不同疾病和不同治疗方法的要求进行。但共同要求是要为病畜提供良好的环境条件（如适宜的温度、光照、湿度和通风等）和合理的饲养管理（如给予全价平衡的饲料、保持畜体清洁和适当的运动等）。针对疾病特点进行治疗性饲养（食饵疗法），具有重要的实际意义。

此外，对于某些疾病，在护理上采用饥饿或半饥饿疗法是十分必要的。有的病需要限喂对病情不利的营养物质（如肾炎时的减盐疗法等）；有的病需对病畜做适宜的保定或吊起或进行适当的牵蹓运动。对长期躺卧的病畜，每天应翻转躯体，以防褥疮发生。

（三）治疗计划及具体方案

治疗计划及具体方案的切实制订和严格执行，是有效治疗的保证。治疗计划与方案制订后，无特殊原因一般不宜变动和中途废止，但允许根据治疗的反应和结果，对治疗计划和方案进行修改和补充。还应注意把一切治疗措施、方法、反应、变化和结果等记录于病历中，并在治疗结束后及时总结经验，不断提高临床诊疗水平。

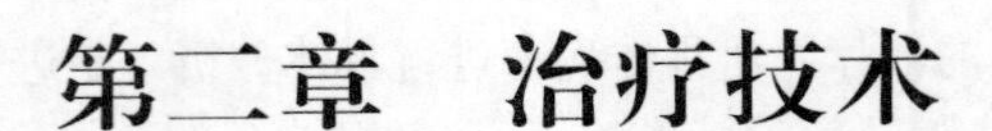

第二章　治疗技术

第一节　药物投服法

药物投服法，是将药物投服到病畜机体，以达到治疗疾病目的的方法。其方法主要根据药物的剂型、剂量、性状、动物种类及病情的不同，选择适合的药物剂型和投药途径。根据投药途径的不同，可分为经鼻投药法、经口投药法、经直肠投药法、瘤胃注入法和经皮肤投药法（涂擦法）等5种。

一、经鼻投药法

经鼻投药法，即用胃管经鼻腔插入食道、将药液投入胃内的方法，是投服大量药液时常用的方法。多用于马、骡，其次是牛、羊。

【准备】根据病畜个体的大小，选用相应口径及长度的橡胶管。成年牛、马可用特制的胃管，其一端钝圆；驹、羊可用大动物导尿管。此外，需有与胃管口径相匹配的漏斗。

胃管用前应以温水清洗干净，排出管内残留的水，前端涂以润滑剂（如液状石蜡和凡士林等）；而后盘成数圈，涂润滑剂的钝圆端向前、另一端向后，用右手握好。

【方法】

1. 马、骡经鼻投药法

（1）将病马在柱栏内妥善保定，畜主站在马头左侧握住笼头，固定马头不要过度前伸。

（2）术者站于马头右前方，用左手无名指与小指伸入左侧上鼻翼的副鼻腔，中指、食指伸入鼻腔与鼻腔外侧的拇指固定内侧的鼻翼。

（3）右手持胃管将前端通过左手拇指与食指之间沿鼻中隔徐徐插入胃管，同时，左手食指、中指与拇指将胃管固定在鼻翼边缘，以防病畜骚动时胃管滑出。

（4）当胃管前端抵达咽部后，随病畜咽下动作将胃管插入食道。有时病畜可能拒绝不咽，推送困难。此时不要勉强推送，应稍停或轻轻抽动胃管（或在咽喉外部进行按摩），诱发吞咽动作，伺机将胃管插入食道。

（5）为了检查胃管是否正确进入食道内，可做充气检查。再将胃管前端推送到颈部下的1/3处，在胃管另端连接漏斗，即可投药。

（6）投药完毕，再灌以少量清水，冲净胃管内残留药液，而后右手将胃管弯折一段，徐徐抽出。当胃管前端退至咽部时，以左手握住胃管与右手一同抽出。胃管用毕洗净后，放在2%的煤酚皂溶液中浸泡消毒备用。

2. 牛经鼻投药法　操作方法与马基本相同。但胃管达到咽部时，易使前端折回口腔而被咬碎，一般较少用。

3. 驹、羊经鼻投药法 操作与成马相同。但胃管应细，一般使用大动物导尿管即可。

【注意事项】

(1) 插入和抽动胃管时要小心、缓慢，不得粗暴。

(2) 当病畜呼吸极度困难或有鼻炎、咽炎、喉炎和高热时，忌用胃管投药。

(3) 牛插入胃管后，遇有气体排出，应鉴别是来自胃内还是呼吸道。来自胃内气体有酸臭味，气味的逸出与呼吸动作不一致。

(4) 牛经鼻投药，胃管进入咽部或上部食道时，有时发生呕吐，此时应放低牛头，以防呕吐物误咽入气管。如果呕吐物很多，则应抽出胃管，待吐完后再投。牛的食道较马短而宽，故胃管通过食道的阻力甚小。

(5) 当证实胃管插入食道深部后进行灌药。如灌药后引起咳嗽、气喘，应立即停止。如灌药中因动物骚动使胃管移动脱出时，也应停止灌药，待重新插入判断无误后再继续灌药。

(6) 经鼻插入胃管，常因操作粗暴或反复投送、强烈抽动或管壁干燥等，刺激鼻黏膜肿胀发炎，有时血管破裂引起鼻出血。在少量出血时，可将动物头部适当抬高或吊起，冷敷额部，并不断淋浇冷水。如出血过多冷敷无效时，可用1%的鞣酸棉球塞于鼻腔中，或皮下注射0.1%的盐酸肾上腺素5mL，或1%的硫酸阿托品1～2mL，必要时可注射止血药。

(7) 胃管投药时，必须正确判断是否插入食道，否则可能将药误灌入气管和肺内，引起误吸性肺炎，甚至造成死亡。因此，应按表2-1鉴别。

表2-1 判断胃管插入食道或气管的鉴别要点

鉴别方法	插入食道内	插入气管内
手感和观察反应	胃管推至咽喉时稍有抵抗感，易引起吞咽动作，随吞咽动作胃管进入食道，推送胃管稍有阻力感	无吞咽动作，插入胃管不受阻，有时引起咳嗽
观察食道变化	胃管前端在食道沟呈现明显的波浪式蠕动下移	无
向胃管内充气反应	随气流进入，颈沟部可见有明显波动。同时压挤橡胶球将气排空，不再鼓起，进气停止而有一种回声	无
胃管另端放耳边听诊	听到不规则“咕噜”声或水泡音，无气流冲击耳边	随呼吸动作听到有节奏的呼出气流音，冲击耳边
胃管另端浸入水盆内	水内无气泡或仅有极少量气泡	随呼吸动作水内出现多量气泡
触摸颈沟部	手摸颈沟部可感觉到有一坚硬的索状物	无
鼻嗅胃管另端气味	有胃内酸臭味	无

(8) 药物误投入呼吸道后，动物立即表现不安，频繁咳嗽，呼吸急促，鼻翼开张或张口呼吸；继则可见肌肉震颤，出汗，黏膜发绀，心跳加快，心音增强，音界扩大；数小时后体温升高，肺部出现明显广范围的啰音，并进一步呈现异物性肺炎的症状。如果误灌入大量药液，可造成动物的窒息或迅速死亡。

抢救措施：在灌药过程中，应密切注意病畜表现，一旦发现异常，应立即停止并使动物低头，促进其咳嗽，呛出药物；并应用强心剂或给予少量阿托品兴奋呼吸系统，同时应大量注射抗生素制剂，直至恢复。严重者，可按异物性肺炎的疗法进行抢救。

二、经口投药法

经口投药法，是指经口投服少量药液、舔剂或丸、片、囊剂时采用的方法。根据药物剂型的不同，分为经口水剂投药法，经口舔剂投药法和经口丸、片、囊剂投药法。

（一）经口水剂投药法

水剂投药法是利用灌角、橡胶瓶、小勺、吸耳球或注射器等投药器具经口投服少量药液时常用的方法。多用于猪和犬等中小型动物，其次是牛和马。

【准备】要准备好灌角、橡胶瓶、小勺、吸耳球或注射器等投药器具。

【方法】具体方法依动物种类、药量及用具不同而异。

1. 马、骡经口水剂投药法

（1）病畜柱栏内站立保定，用一条软细绳从柱栏横木铁环中穿过，一端制成圆套从笼头鼻梁下面穿过，套在上腭切齿后方；另一端由助手或畜主拉紧将马头吊起，使口角与耳根平行，助手（畜主）的另一只手把住笼头。

（2）术者站在斜前方，左手从马的一侧口角处伸入口腔，并轻压舌头，右手持盛满药液的药瓶，自另一侧口角伸入舌背部抬高瓶底，并轻轻震抖。如果用橡胶瓶，可压挤瓶体促进药液流出，在配合吞咽动作中继续灌服，直至灌完。注意不要连续灌注，以免误咽。

2. 牛经口水剂投药法

（1）经口胃管投药法　病畜于保定栏内站立保定，装好鼻钳或由助手一只手握住角根，另一只手握鼻中隔，使头稍抬高，固定头部。而后装好横木开口器，系在两角根后部。

术者取备好的胃管（与马经鼻投药相同），从开口器中的孔隙插入，其前端抵达咽部时，轻轻抽动，以引起吞咽动作，随咽下动作将胃管插入食道。

其他操作与马经鼻投药法相同。灌完后，慢慢抽出胃管，再解下开口器。

（2）经口灌角投药法　灌角投药法属于经口水剂投药法的一种，是中兽医给马、牛灌服中药常用的方法。灌药时，将动物保定在二柱栏内，把缰绳从左侧绕过立柱及动物颈部，然后以活结固定在立柱上。再将预先挂于柱栏上的吊口绳套进口内（上颌切齿后方），让助手或畜主拉住吊口绳，使动物头部保持稍仰位置。然后一只手持盛药的灌角，顺口角插入口腔，送至舌面后部，将药灌下；另一只手拿药盆置于口下，以便接着从口角流出的药液。

3. 猪经口水剂投药法

（1）经口胃管投药法　一人抓住猪的两耳，将前躯夹于两腿之间，如果是大猪，可用鼻端固定器固定；另一人用木棒撬开口腔，并装好横木开口器，系于两耳后固定。术者取胃管（大动物的导尿管也可），从开口器中央的圆孔间，将胃管插入食道。其他的操作要领与牛的经口胃管投药法相同。

（2）经口药瓶投药法　助手用腿夹住猪的颈部，用手抓住两耳，使头稍仰。术者一只手用开口器（或木棒）打开口腔，另一只手持盛药的瓶子或注射器，自口角处徐徐灌入药液。

4. 犬经口投药法

（1）经口胃导管投药法　此法适用于投入大量水剂、油剂或可溶于水的流质药液。方法简单，安全可靠，不浪费药液。

投药时对犬施以坐姿保定。打开口腔，选择大小适合的胃导管，用胃导管测量犬鼻端到第八肋骨的距离后，做好记号。用润滑剂涂布胃导管前端，插入口腔从舌面上缓缓地向咽部推进，在犬出现吞咽动作时，顺势将胃导管推入食管直至胃内（判定插入胃内的标志：从胃管末端吸气呈负压，犬无咳嗽表现）。然后连接漏斗，将药液灌入。灌药完毕，除去漏斗，压扁导管末端，缓缓抽出胃导管。

（2）匙勺、吸耳球或注射器投药法　适用于投服少量的水剂药物，粉剂或研碎的片剂加适量水而制成的溶液、混悬液，以及中药的煎剂等。投药时，对犬施以坐姿保定。助手使犬嘴处于闭合状态，犬头稍向上保持倾斜。操作者以左手食指插入嘴角边，并把嘴角向外拉，用中指将上唇稍向上推，使之形成兜状口。右手持匙勺、吸耳球或注射器将药灌入。注意一次灌入量不宜过多；每次灌入后，待药液完全咽下后再重复灌入，以防误咽。

【注意事项】

（1）每次灌入的药量不宜过多，不要太急，不能连续灌，以防误咽。

（2）头部吊起或仰起的高度，以口角与眼角呈水平线为准，不宜过高。

（3）灌药中，病畜如果发生强烈咳嗽，应立即停止灌药，并使其头部低下，使药液咳出，安静后再灌药。

（4）猪在嚎叫时喉门张开，应该暂时停止灌药。

（5）当动物咀嚼、吞咽时，如有药液流出，应用药盆接取，以免流失。

（6）胃管投药时的判定与注意事项，同马的经鼻投药法。

（二）经口舔剂投药法

经口舔剂投药法，常用于马、骡和牛。给病畜投舔剂时，助手按常规方法保定病畜的头部，并稍抬高。术者首先把舔剂涂在舔剂投药板的前端，然后一只手将舌拉出口外，同时拇指顶住硬腭；另一只手将舔剂板从口角送至舌根部，翻转舔剂板，稍向下压，迅速抽出舔剂板，舔剂即抹在舌面上。然后把舌松开，托住下颌部，待其咽下即可。

（三）经口丸、片、囊剂投药法

经口丸、片、囊剂投药法，多用于猪和犬等中小型动物，其次是马、骡和牛。

1. 马、牛的丸、片、囊剂投药法　给病畜投丸、片、囊剂时，先将病畜保定好。以丸剂为例，术者一只手持装好药丸的丸剂投药器；另一只手伸入口腔，先将舌拉出口外，同时将投药器沿硬腭送至舌根部，迅速把药丸推入，抽出投药器，将舌松开，并托住下颌部，稍抬高头部，待其将药咽下后再松开。如果没有丸剂投药器，可以用手将丸药投掷到舌根部，使其咽下即可。

2. 猪的丸、片、囊剂投药法　给猪投丸、片、囊剂时，先按水剂投药时的保定法将猪保定住。术者一只手用木棒撬开口腔；另一只手将药丸投掷到舌根部。然后抽出木棒，令其咽下。

3. 犬的丸、片、囊剂投药法　对犬施以坐姿保定。投药者以左手握住犬的两侧口角，打开口腔，以右手四指呈槽状（小型犬以中指和食指）夹药送于舌根部，然后快速地把手抽出来，并将犬口合上。也可用镊子夹药送于舌根部。当犬把舌尖少许伸于牙齿之间，出现吞咽动作，说明药已吞下。如犬含药不咽，可通过刺激咽部或将犬的鼻孔捏住，促使犬快速将药吞下。

三、经直肠投药法

经直肠给药法又称为浅部灌肠法，是将药液或药剂投入直肠内。常在病畜有采食障碍、咽下困难或食欲废绝时，进行人工营养；直肠或结肠有炎症时，投入消炎剂；病畜兴奋不安时，灌入镇静剂；以及在排除直肠内积粪时使用该法。

浅部灌肠用的药液量，大动物一般每次 1 000～2 000mL，小动物每次 100～200mL。灌肠溶液根据用途而定，一般用 1%的温盐水、林格氏液、甘油（小动物用）、0.1%的高锰酸钾溶液、2%的硼酸溶液和葡萄糖溶液等。

灌肠时，将动物站立保定好，助手把尾拉向一侧。术者一手提盛有药液的灌肠用吊筒；另一手将连接吊筒的橡胶管徐徐插入肛门 10～20cm，然后高举吊筒，使药液流入直肠内。灌肠后使动物保持安静，以免引起排粪动作而将药液排出。对以人工营养、消炎和镇静为目的的灌肠，在灌肠前应先把直肠内的宿粪取出或刺激排出。

四、瘤胃注入法

瘤胃注入法，主要用于瘤胃臌胀时的瘤胃穿刺排气后向瘤胃内注射药液。

【准备】 特制大套管针或长盐水针头，羊可用一般静脉注射针头、外科刀与缝合器材等。

【部位】 在左侧肷窝部，由髋结节向最后肋骨所引水平线的中点，距离腰椎横突 10～12cm 处。在瘤胃臌胀时，也可以选在瘤胃隆起最高点穿刺。

【方法】 先在穿刺点附近 1cm 处做一小的皮肤切口（有时也可以不切口，羊一般不切口）。术者再以左手将皮肤切口移向穿刺点，右手持套管针将针尖置于皮肤切口内，向对侧肘头方向迅速刺入 10～12cm；左手固定套管，拔出内针，用手指不断堵住管口，间歇放气，使瘤胃内的气体间断排出。若套管堵塞，可插入内针疏通。气体排出后，为防止复发，可经套管向瘤胃内注入制酵剂，如牛可注入 1%～2.5%的福尔马林溶液 300～500mL，或 5%克辽林溶液 200mL，或乳酸、松节油 20～30mL 等。注完药液插入内针，同时用力压住皮肤切口，拔出套管针，消毒创口，对皮肤切口行一针结节缝合，涂碘酊，以碘仿火棉胶封闭穿刺孔。

五、经皮肤给药法（涂擦法）

涂擦水溶性药剂、配剂、擦剂、流膏及软膏等，主要用于皮肤或黏膜疾病的治疗。

对皮肤涂擦药剂前，应先行剪毛和清洗患部皮肤。水溶剂、配剂和擦剂用毛刷；流膏与软膏剂用软膏篦、竹片和木板等充分涂擦在皮肤面上，要求涂布均匀。口腔溃疡时用棉棒浸上鲁格尔氏液和碘甘油等药液，涂布在黏膜上。为了防止动物舔食涂擦药剂，可将患部用绷带包扎，必要时可带口笼。

第二节 冲 洗 法

冲洗法，是用药液洗去黏膜上的渗出物、分泌物和污物，以促进组织的修复。

一、洗眼法与点眼法

主要用于各种眼病，特别是结膜与角膜炎症的治疗。洗眼与点眼时，助手要确实固定动物头部。术者用一只手拇指与食指翻开上下眼睑；另一只手持冲洗器（洗眼瓶或注射器等），使其前端斜向内眼角，徐徐向结膜上灌注药液冲洗眼内分泌物。洗净之后，左手食指向上推上眼睑，以拇指与中指捏住下眼睑缘。向外下方牵引，使下眼睑呈一囊状，右手拿点眼药瓶，靠在外眼角眶上，斜向内眼角，将药液滴入眼内，闭合眼睑，用手轻轻按摩1～2下，以防药液流出，并促进药液在眼内扩散。如果用眼膏，可用玻璃棒一端蘸取眼膏，横放在上下眼睑之间，闭合眼睑，抽去玻璃棒，眼膏即可留在眼内，用手轻轻按摩1～2下，以防药流出。也可以直接将眼膏挤入结膜囊内。

洗眼药通常用2%～4%的硼酸溶液、0.1%～0.3%的高锰酸钾溶液、0.1%的雷佛奴耳溶液及生理盐水等。常备的点眼药有0.55%的硫酸锌溶液、3.5%的盐酸可卡因溶液、0.5%的阿托品溶液、0.1%的盐酸肾上腺素溶液、0.5%的锥虫黄甘油、2%～4%的硼酸溶液和1%～3%的蛋白银溶液等。还有氯霉素、红霉素和四环素等抗生素眼药膏（液）等。

二、鼻腔冲洗法

当鼻腔有炎症时，可选用一定的药液进行鼻腔洗涤。洗鼻管多选用前端为盲端而周围有许多孔的特制胶管。犬、猫等中小动物可用细橡胶管连接吸耳球吸取药液。洗涤时，将胶管插入鼻腔一定深度，同时手捏外鼻翼，连接漏斗，装入药液，稍抬高漏斗，使药液流入鼻内，即可达到洗涤的目的。洗鼻时，应注意把动物头部保定确实，使头稍低；洗涤液温度要适宜；灌洗速度要慢，防止药液进入喉或气管。冲洗剂选择具有杀菌、消毒和收敛等作用的药物。一般常用生理盐水、2%的硼酸溶液、0.1%的高锰酸钾溶液及0.1%的雷佛奴耳溶液等。

三、口腔冲洗法

主要用于口炎、舌及牙齿疾病的治疗，有时也用于洗出口腔的不洁物。口腔冲洗时，先将动物保定好，将连接于导管一端的木导管从口角插入口腔，并捏住颊部，使木导管保持一定深度及活动性。然后，在连接于胶管另一端的漏斗内倒入药液，高举漏斗，使药液流入口腔，引起病畜的咀嚼动作，达到洗涤口腔的目的。可用盆接住从口中流出的液体，以防污染地面。冲洗剂视治疗目的可选用自来水、生理盐水或收敛剂和低浓度防腐消毒药等。

四、导胃与洗胃法

在治疗急性胃扩张、瘤胃积食、瘤胃酸中毒以及毒物中毒等疾病时，常用导胃与洗胃法。

【准备】大动物于柱栏内站立保定，中小动物可站立保定或在手术台上侧卧保定。导胃用具同胃管投药，但牛的导胃管较粗，内径应为2～4cm。洗胃应用36～39℃温水，根据需要也可用2%～3%的碳酸氢钠溶液或石灰水溶液、1%～2%的盐水、0.1%的高锰酸钾溶液等。此外，还应准备吸引器。

【方法】先用胃管测量到胃的长度，并做好标记。马是从鼻端到第 14 肋骨；牛是从唇至倒数第 5 肋骨；羊是从唇至倒数第 3 肋骨。马经鼻插入胃管，牛经口插入胃管进行导胃。

洗胃时，将动物保定好并固定好头部，把胃管插入食管内，胃管到胸腔入口及贲门处时阻力较大，应缓慢插入，以免损伤食管黏膜。必要时灌入少量温水，待贲门弛缓后，再向前推送入胃。胃管前端经贲门到达胃内后，阻力突然消失，此时可有酸臭气体或食糜排出，不能顺利排出胃内容物时，接上漏斗，每次灌入温水或其他药液 1 000～2 000mL。利用虹吸原理，高举漏斗，不待药液流尽，随即放低马头和漏斗，或用抽气筒反复抽吸，以洗出胃内容物。如此反复多次，逐渐排出胃内大部分内容物，直至病情好转为止。

治疗胃炎时，导出胃内容物后，要灌入防腐消毒药。冲洗完后，缓慢抽出胃管，解除保定。

【注意事项】

（1）操作中动物易骚动，要注意人畜安全。

（2）根据不同种类的动物，应选择适宜长度和粗度的胃管。

（3）马胃扩张时，开始灌入温水不宜过多，以防食糜膨胀导致胃破裂。瘤胃积食和瘤胃酸中毒时，宜反复灌入大量温水，方能洗出胃内容物。

五、阴道及子宫冲洗法

阴道冲洗主要为了排出炎性分泌物，用于阴道炎的治疗；子宫冲洗用于治疗子宫内膜炎和子宫蓄脓，排出子宫内的分泌物及脓液，促进黏膜修复，尽快恢复生殖功能。

【准备】根据动物种类，准备无菌的各型开膣器、颈管钳子、颈管扩张棒、子宫冲洗管、洗涤器及橡胶管等。

冲洗药液可选用温生理盐水、5%～10%的葡萄糖溶液、0.1%的雷佛奴耳及 0.1%～0.5%的高锰酸钾溶液等，还可用抗生素及磺胺类制剂。

【方法】先充分洗净外阴部，而后插入开膣器开张阴道，即可用洗涤器冲洗阴道。如冲洗子宫时，先用颈管钳子钳住子宫外口左侧下壁，拉向阴唇附近。然后，依次应用由细到粗的颈管扩张棒，插入颈管使之扩张，再插入子宫冲洗管。通过直肠检查，确认冲洗管已插入子宫角内之后，用手固定好颈管钳子与冲洗管。然后，将洗涤器的胶管连接在冲洗管上，可将药液注入子宫内，边注入边排出（另侧子宫角也同样冲洗），直至排出液透明为止。

【注意事项】

（1）操作过程要认真，避免粗暴，特别是在冲洗管插入子宫内时，须谨慎缓慢，以防子宫壁穿孔。

（2）不得应用强刺激性或腐蚀性的药液冲洗。冲洗液量不宜过大，一般 500～1 000mL 即可。冲洗完后，应尽量排净子宫内残留的洗涤液。

六、尿道及膀胱冲洗法

主要用于尿道炎及膀胱炎的治疗。目的是为了排出炎性渗出物和注入药液，促进炎症的治愈，也可用于导尿或采取尿液供化验诊断。本法母畜操作容易，公畜难度较大。

【准备】根据动物种类及性别，备用不同类型的导尿管。公畜选用不同口径的橡胶或软塑料导尿管；母畜选用不同口径的特制导尿管。用前将导尿管放在0.1%的高锰酸钾溶液或温水中浸泡5～10min，插入端蘸取液状石蜡；冲洗药液宜选择刺激性或腐蚀性小的消毒、收敛剂，常用的有生理盐水、2%硼酸、0.1%～0.5%的高锰酸钾溶液、1%～2%的苯酚溶液和0.1%～0.2%的雷佛奴耳等溶液，也常用抗生素及磺胺制剂的溶液（冲洗药液要与体温相等）；注射器与洗涤器、术者手、外阴部、公畜阴茎和尿道口要清洗消毒。

【方法】

1. 母畜膀胱冲洗　大动物于柱栏内站立保定，中小动物在手术台上侧卧保定。助手将畜尾拉向一侧或吊起，术者将导尿管握于掌心，前端与食指同长，呈圆锥形伸入阴道（大动物为15～20cm）。先用手指触摸尿道口，轻轻刺激或扩张尿道口，伺机插入导尿管，徐徐推进。当进入膀胱后，先排净尿液，然后用导尿管另一端连接洗涤器或注射器，注入冲洗药液，反复冲洗，直至排出药液呈透明状为止。最后，将膀胱内药液排除。

当识别尿道口有困难时，可用开膣器开张阴道，即可看到尿道口。

2. 公马膀胱冲洗　先于柱栏内固定好两后肢。术者蹲于马的一侧，将阴茎抽出，左手握住阴茎前部，右手持导尿管，插入尿道口徐徐推进。当到达坐骨弓附近则有阻力，推进困难，此时助手在肛门下方可触摸到导尿管前端，轻轻按压辅助向上转弯，与此同时，术者继续推送导尿管，即可进入膀胱。冲洗方法与母畜相同。

3. 公犬膀胱冲洗　导尿管插入时，术者左手抓住阴茎，右手将导尿管经尿道外口徐徐插入尿道，并慢慢向膀胱推进。导尿管通过坐骨弓处的尿道弯曲时常发生困难，可用手指隔着皮肤向深部压迫，迫使导尿管末端进入膀胱。一旦进入膀胱内，尿液即从导尿管流出。冲洗方法与母畜相同。

【注意事项】

（1）插入导尿管时，前端宜涂润滑剂，以防损伤尿道黏膜。

（2）严禁粗暴操作，以免损伤尿道及膀胱壁。

（3）公马冲洗膀胱时，要注意人畜安全。

第三节　灌肠法与破结术

一、深部灌肠法

灌肠方法，分为浅部灌肠法和深部灌肠法两种。浅部灌肠法又称为直肠给药法，见本章第一节。本节介绍的是深部灌肠法，是将大量液体或药液灌到较前部的肠管内。多用于马骡便秘的治疗，特别是对胃状膨大部等大肠便秘更为常用。在猪、犬等中小动物，此法适用于治疗肠套叠、结肠便秘、排出胃内毒物和异物等。

（一）大动物深部灌肠法

【保定】将病马或牛在柱栏内确实保定，用绳子吊起尾巴。

【麻醉】为使肛门括约肌及直肠松弛，可施行后海穴封闭，即以10～12cm长的封闭针头，与脊柱平行地向后海穴刺入10cm左右，注射1%～2%的普鲁卡因液20～40mL。

【操作】保定麻醉确实后，首先放置塞肠器。塞肠器有木制和球胆制的两种：木制塞肠器，长15cm，前端直径为8cm、后端直径为10cm，中间有直径2cm的孔道，塞肠器后端装有2个铁环，塞入直肠后，将2个铁环拴上绳子，系在颈部的套包或夹板上；球胆塞肠器，将带嘴的球胆剪2个相对的孔，中间夹1根直径1～2cm的胶管，然后再胶合住，胶管向马头端露出5～10cm、向尾端露出20～30cm，以便连接灌肠器，塞入直肠后，由原球胆嘴向球胆内打气，胀大的球胆堵住直肠膨大部，即自行固定。

然后，将灌肠器的胶管插入木制塞肠器的孔道内，或与球胆制塞肠器的胶管相连接，缓慢地灌入温水或1%的温盐水。灌水量的多少，依据便秘的部位而定。灌肠开始时，水进入顺利，而当水到达结粪阻塞部时则流速缓慢，甚至随病畜努责而向外返流，以后当水窜过结粪阻塞部，继续向前流时，水流速度又见加快。如病畜腹围稍增大，并且腹痛加重，呼吸增数，胸前微微出汗，则表示灌水量已经适度，不要再灌。灌水后，经15～20min取出塞肠器。

如无塞肠器，术者也可用双手将插入肛门内灌肠器的胶管连同肛门括约肌一起捏紧。但此法不可预先做后海穴麻醉，以免肛门括约肌弛缓，不易捏紧。尾巴也不必吊起或拉向一侧，任其自然下垂，避免动物努责时，水喷在术者身上。在灌肠过程中，如果动物努责，可让助手在马骡前方摇晃鞭子，吸引其注意力，以减少努责。

（二）中小动物深部灌肠法

灌肠时，对动物施以站立或侧卧保定，并呈前低后高的姿势。术者先将灌肠器的胶管一端插入肛门，并向直肠内推进8～10cm；另一端连接漏斗或吊筒，也可使用100mL注射器注入溶液。先灌入少量药液软化直肠内积粪，待排净积粪后再大量灌入药液，直至从肛门中流出灌入药液为止。灌入量：幼犬或仔猪800～1 000mL，成年犬1 500～2 000mL。药液温度以39℃为宜。

二、直肠检查

破结术是指通过直肠检查确定便秘部位后，隔着肠壁治疗马、骡便秘的方法。因此，熟练掌握直肠检查方法和确定便秘部位，是有效实施破结术的前提条件。

【准备】

1. 术者准备　术者的指甲要剪短磨光，手臂涂以润滑剂，并穿着胶靴及胶皮围裙。为预防感染及卫生起见，最好戴上长袖塑膜手套。

2. 病畜准备

（1）被检马、骡要确实保定，一般用柱栏保定较方便，要特别注意腹下吊绳和肩部压绳的拴系，以防卧倒或跳跃。在野外，可在车辕内保定，或行横卧保定。

（2）对腹痛剧烈的病马，应先行镇静，如静脉注射5%的水合氯醛酒精溶液200～300mL，或用其他镇静剂。实践证明，以1%的普鲁卡因溶液20～30mL行后海穴封闭，可使直肠和肛门括约肌弛缓。

（3）对肠管气胀、腹围膨大的病马，应先穿肠放气。特别在横卧保定时，更应注意，以免造成窒息。对心脏衰弱的病马，应先用强心剂。

（4）对被检马、骡事先用温肥皂水1 000～2 000mL灌肠，以清除直肠内粪便。使肠壁弛缓，黏膜滑润，便于检查，并应仔细检查灌肠后排出的内容物，如粪便的量和硬度，有无黏液或血液等。怀疑有直肠穿孔时，则不宜灌肠。

【操作要领】直肠检查的操作，务必要按要领进行，防止损伤直肠黏膜。

当柱栏内保定时，一般用右手进行检查。术者站在被检马的左后方，以防被马踢伤。横卧保定时，右侧横卧用右手，左侧横卧用左手，术者取伏卧姿势。

检查时，检手拇指抵于无名指基部，其余四指并拢成圆锥形，旋转伸入直肠。如先以二、三指插入肛门，给马匹以信号，可有助于肛门括约肌的弛缓。当检手碰到粪球时，应将手指微屈曲，把粪球纳入掌心取出。对膀胱积尿的马、骡，可用手按摩膀胱，促使排尿后再进行检查。

检手谨慎而确切地套入直肠狭窄部，是直肠检查时安全的关键。如果检手不套入狭窄部，当马匹骚动时很容易造成直肠损伤，甚至穿孔。套手时按照“努则退、缩则停、缓则进”的要领进行，比较安全。即当检手前进时，如马匹极度努责，就要将检手随着后退；当狭窄部强力收缩时，检手要停止不动，这时可能有一小段肠管套在手上；当狭窄部弛缓时，可再继续向前套进，直至手上套有一段直肠狭窄部的肠管，方可进行检查。如果检手能通过狭窄部（指大马），则更便于检查。切忌检手未找到肠管方向就盲目前进，或未套入狭窄部就急于检查。在狭窄部套手困难时，可以采取胳膊下压肛门的方法，诱导病马做排粪反应，使狭窄部套在手上，同时，下压肛门还有减少努责的作用。

检查腹腔脏器，是用并拢的食指、中指及无名指的指腹轻轻触摸。根据脏器的位置、大小、形状、硬度、有无纵带、移动性及肠系膜状态等，判定病变的脏器、病变的性质和程度。在直肠检查过程中，无论何时，检手的手指均应并拢，绝不允许叉开手指随意触摸，以免损伤肠管。

在直肠检查中，为使腹腔常患病的主要脏器都能摸到，可使被检马取前高后低的姿势，或用扁担上抬马的腹部等。

检查完毕应缓慢退出检手。如果出手过快，不仅套在手腕上的肠管黏膜容易发生撕裂，而且沾附在手臂上的粪渣也容易擦伤黏膜。

【不同部位便秘的直肠检查特征】

1. 小肠便秘（完全阻塞） 直肠检查时，摸到便秘部如手腕粗，表面光滑，呈圆柱形（如香肠）或椭圆形（如鸭蛋）。位于前肠系膜根后方约10cm，距腹上壁10～20cm，横行于右肾及左肾之间且位置固定不能移动的，是十二指肠便秘。如位于耻骨前缘，由左肾后方斜向右后方，左端游离，可被牵动；右端连接盲肠，位置固定，不能牵动，且空肠积气的，则是回肠便秘。

2. 小结肠便秘和骨盆曲便秘（完全阻塞） 直肠检查时，在小结肠便秘，通常于耻骨前缘的水平线上或体中线的左侧，可摸到便秘部呈椭圆形或圆柱形，1～2个拳头大，比较坚硬且移动性较大。但在小结肠起始部便秘，或由于继发肠臌胀，小结肠被挤压而移位，以及便秘部沉于腹腔下部时，直肠检查都不易摸到。这时可穿肠放气并令助手用木杠抬举病马下腹部，然后检手沿紧张的肠系膜慢慢寻找，也可摸到结粪部位。

骨盆曲便秘，常于耻骨前缘，体中线的左侧或右侧，可摸到便秘部呈弧形或椭圆形，如小臂粗，一般不太坚硬，表面光滑，与膨满的左下大结肠相连，牵拉时虽有一定的移动性，但感到费劲。必须注意的是，在左下大结肠过度膨满时，秘结的骨盆曲往往被挤入骨盆腔或向右移到盲肠底的后下方，应仔细鉴别。

左上大结肠便秘，其症状基本上与小结肠和骨盆曲便秘相同。直肠检查，可在耻骨前缘左侧前下方，摸到便秘部呈球形或圆柱形，约 2 个拳头大，一般不很坚硬，移动性较小，而且骨盆曲和左下大结肠多有积气或积粪。

3. 盲肠便秘和左下大结肠便秘（不完全阻塞） 直肠检查时，在盲肠体或盲肠底便秘，可于右肷窝部及肋骨弓部摸到便秘部如排球大，硬度如捏粉样或稍坚硬，表面凸凹不平，在盲肠体后面还可摸到由后上方向前下方延伸的盲肠后纵带。盲肠位置固定，但有时稍向前下方沉坠。

左下大结肠便秘，可于左腹腔中下部摸到便秘的肠段。该肠段由膈走向盆腔前口，后端常偏向右侧，呈粗长的扁圆形，比暖瓶稍粗，硬度如捏粉样或稍坚硬，表面不平整，可感觉到有多个肠袋和 2～3 条纵带。

4. 胃状膨大部便秘 直肠检查时，于体中线右侧，盲肠底的前下方，可以摸到便秘部，如排球大，呈半球形（因前半部不能摸到），表面光滑，一般不太坚硬，随呼吸而前后移动。

5. 直肠便秘（完全阻塞） 直肠检查时，在直肠膨大部或狭窄部，可直接摸到阻塞的粪块，呈球形，直肠黏膜水肿、粗糙，常沾有粪渣。经过时间较长的，往往在小结肠内堆积一长串拳头大的干硬粪球。

6. 全大结肠便秘 直肠检查时，大结肠几乎完全充满干涸的粪块。

三、破结术

破结术是治疗马、骡便秘比较常用而且有效的方法。常用的破结手法有按压、握压、切压、捶结和直取 5 种。通过破结按压，使便秘的粪块发生变形，或出现纵沟，肠内积滞的气体和粪液，沿着秘结粪块与肠壁之间的空隙向后移窜，胃肠膨胀随即缓和，肠管蠕动因而得以恢复。另外，通过按压，包在粪块表面的黏液层被按开，液体容易渗入粪块内，使秘结的粪块逐渐软化破碎，而达到疏通的目的。故此法可作为小结肠、骨盆曲、左上大结肠和小肠便秘的主要疏通措施，效果迅速而确实。

1. 按压法 主要用于小结肠和骨盆曲便秘。将结粪牵引至左腹壁或骨盆腔前口，抵于耻骨前缘；或牵引至骨盆腔内，抵于骨盆腔底壁。拇指屈于掌内，其余四指并拢，用食指及中指或四指的指腹，由粪块的中央向两端逐点按压，以点连线，压成纵沟，待前部气体或液体通过，再进一步压扁或压碎。

十二指肠和回肠便秘，也可应用此法。即以手掌平托结粪部使其抵于腹上壁，用指腹分段按压，使之破碎。

2. 握压法 主要用于十二指肠和回肠便秘。将拇指屈于掌内，使结粪纳入掌心，分段握扁或握碎。

当小结肠和骨盆曲便秘的积粪不太大且呈圆柱形时，也可应用握压法。为了防止握压时结粪滑脱，应以腹侧壁或耻骨前缘为底衬。

3. 切压法 主要用于盲肠及胃状膨大部便秘。将拇指屈于掌内，其余四指并拢，以掌内侧、掌外侧或指腹，沿结粪的纵轴切压成沟。如果粪块较大，再沿横轴切压成段。

4. 捶结法 主要用于小结肠、骨盆曲和左上大结肠便秘。操作时，把结粪带到邻近的软腹壁处固定，固定结粪的方法因结粪的形状和大小而不同。结粪呈球状、坚硬、拳头大至小儿头大的，可将拇指屈于掌内，四指固定其边缘，拇指屈曲顶住结粪中央固定之。

结粪大而不太硬的，可四指伸直，用四指的掌面抵住结粪一端固定之。固定好之后，另一只手在体外用拳头对准结粪捶击。若术者不方便，可由助手按术者指定点用拳头或木槌捶之，一般1～3下即可将结粪捶碎。

5. 直取法 只用于直肠便秘。直肠后部的便秘，可先用手指将积粪自黏膜剥离开，再以拇指、食指及中指捏住结粪，一块一块地取出；直肠前部的便秘，可先用食指由结粪的中央挖开，然后再将紧贴肠壁的粪块向中央拨动，并一点一点地夹出。直肠便秘经过中，直肠黏膜往往水肿、干燥，应边掏边用10%～25%的硫酸镁液反复灌肠。

【注意事项】

（1）保定要确实，操作要小心缓慢，用力要均匀，防止失手滑脱，戳穿肠管。

（2）触到结粪，先轻轻按摩，再逐渐用力按压，并经常更换秘结部肠壁及直肠的触压点，以免损伤肠管。

（3）一次按压时间不可过长，如果结粪比较坚硬，可先压一凹沟，稍休息后再进行按压，不要急于求成。

（4）结粪压碎后，必须继续观察效果，如病畜仍不排气、不排粪，腹痛未显著减轻，则可能在其他部位还有结粪，必须再次行直肠检查和按压。

第四节　产道助产术

产道助产术是救治母畜难产的主要方法。发生难产时，经难产的临床检查，首先明确难产母畜的病史、全身状况、产道和胎儿的基本状况，才能选用最佳的助产方法。当胎儿尚存活时，应尽力保全胎儿及母畜。只有在特殊情况下，取舍其一。产道助产术的方法有牵引术、矫正术、截胎术、阴门切开术、宫颈切开术和子宫扭转复位术。

一、产道助产术的基本原则

（一）保定

母畜的保定方法，与手术助产有很大关系。术者站立操作，比较方便发力，所以母畜的保定以站立为宜，并且后躯最好高于前躯，使胎儿向前坠入子宫，以防止胎儿阻塞于骨盆腔内，这样便于矫正或截胎。大家畜不能站立时，应在汽车、拖拉机或载拉病畜的手推车上侧卧保定并呈前低后高姿势，或后躯用草袋垫高。小动物可在手术台或木桌上保定，基本原则同前。

（二）麻醉

麻醉是施行手术助产不可缺少的条件，手术顺利与否，与麻醉关系密切。麻醉方法的选择，除了要考虑畜种的敏感性外，还必须考虑母畜在手术中能否站立，对子宫复旧有无影响等。

1. 镇静 马、驴发生难产时，有的极度不安、努责强烈，有的还可能发生休克、直肠脱出等，故需加以镇静。猪、羊施行剖腹产术，有时也必须镇静、镇痛和松肌。可选用以下措施：

（1）静松灵（2,4-二甲苯胺噻唑盐酸盐） 对牛、马等大家畜有明显的镇痛、镇静和肌松等作用，特别对反刍动物有明显的镇痛效果。该药奏效迅速，使用安全方便，用药后家畜能够站立，是进行产科手术的良好镇静药物。肌内注射量，牛每千克体重 0.2～0.5mg，马每千克体重 0.5～1.2mg。

（2）氯丙嗪　也具有显著的镇痛和催眠作用，对猪的效果较好。肌内注射量，马、牛每千克体重 1～2mg，猪、羊每千克体重 1～3mg。

2. 硬膜外麻醉　治疗胎儿异常所造成的难产，常需将胎儿从阴道内推回子宫，以便有较大空间进行矫正或截胎。但这时母畜往往强烈努责，抗拒向前推动及操作。这是一个很大的矛盾，不解决，操作常会遇到很大困难，甚至不能进行。在不全麻的情况下，为了抑制抗拒，除了把母畜的后躯抬高，使它努责无力外，可行硬膜外麻醉。

硬膜外麻醉可使躯干后部的感觉神经失去传导作用，因此，推动胎儿不会引起努责；而且还可使子宫松弛，以免它紧裹着胎儿，妨碍操作。另外，在行剖腹产时也能使努责受到抑制，避免肠道脱出，同时也不影响子宫复旧。除了难产以外，硬膜外麻醉还可用于子宫及阴道脱出、阴道及阴门手术，所以是产科常用的麻醉方法。

根据麻醉范围的大小不同，可选用以下注射部位：

（1）荐尾及尾间隙　常用于简单的矫正和截胎手术、整复阴道及子宫脱出、脱出子宫截除术、阴道及阴门手术等。通常用 2%的普鲁卡因，一般牛的剂量为 10～20mL。如果母畜努责强烈，或施行复杂手术及剖腹产，用量可增至 40mL 左右。如果不希望母畜卧下，中等大小的牛不可超过 10mL，驴不超过 8mL，羊的注射量为 5mL。

（2）腰荐间隙　即百会穴，在母畜卧下的情况下，用于努责强烈、复杂的矫正术或截胎术、剖腹术及乳房切除术等。马、牛可注射 2%的普鲁卡因 20～30mL，但不可将母畜后躯抬高，以免药物前流，抑制内脏神经。

上述两个部位注射 1～2min 后开始麻醉，其表现为尾巴松弛、后肢站立不稳或站不住。依药品浓度及剂量的不同，麻醉持续时间为 1～1.5h。

3. 后海穴麻醉　如不能施行硬膜外麻醉或不愿让母畜卧下，也可在后海穴将 16cm 长针头沿荐骨体下方平行向前刺入，牛一般注射 0.5%的普鲁卡因 40～100mL，猪、羊注射 20～40mL。但此法仅能使努责减弱，麻醉效果不如硬膜外麻醉。

（三）消毒

手术助产过程中，术者的手臂和器械要多次进出产道，这时既要防止母畜的生殖道受到感染，又要保护术者本身不受感染，因而对所用器械、阴门附近、胎儿露出部分以及手臂都要按外科方法进行消毒。家畜外阴附近如果有长毛，也必须剪掉。手臂消毒后，要涂上灭菌液体石蜡作为润滑剂。

术者操作时，常需将一只手按在母畜臀部，以便于用力，因此可将一块在消毒药水中泡过的塑料垫单盖在臀部上面。如果母畜是卧着的，为了避免器械和手臂接触地面，还可在母畜臀后铺上一块塑料垫单。

二、手术助产器械及使用方法

助产器械应该具备的条件是构造简单、坚固、使用灵活方便，有多种用途或适合某项特殊用途，不易损伤母体，以及容易消毒等。

手术助产所用的有拉、推、矫正及截胎的器械。另外，还有绳导。助产往往是在现场进行，器械又需反复消毒，再加上它们都比较大，煮沸很不方便。因此，通常采用 0.1%

的新洁尔灭、5%的煤酚皂溶液或其他强消毒药液擦洗或浸泡，然后用酒精棉球、消毒纱布擦干或开水冲净，以免消毒剂刺激产道。器械用过以后，必须再次彻底消毒，并且保持清洁干燥。手术助产的器械较多，但有些已很少使用。

（一）绳导

绳导是用来带动产科绳、钢绞绳穿绕胎儿肢体的器械。产科绳细软，要想绕过胎儿的某一部分，常因胎膜及胎儿本身的阻碍，不能进行，所以必须用绳导作为穿引器械。如同使用其他器械一样，带进绳导时，必须在母畜阵缩的间隙，以免受到阵缩的阻碍。常用的绳导有以下两种：

1. 环状绳导 用直径 1cm 的粗铁条做成的长铁环。环长 14～16cm（羊 10cm）、宽 4cm，中部稍弯曲。产科绳拴在环的一端（图 2-1）。

2. 长柄绳导 用于大家畜。作用和环状绳导相同，但较长（18cm），弧度较大，常用于绕过胎儿的躯干等粗大部分（图 2-2）。

图 2-1 环状绳导

（朱维正，2000. 新编兽医手册 . 2 版）

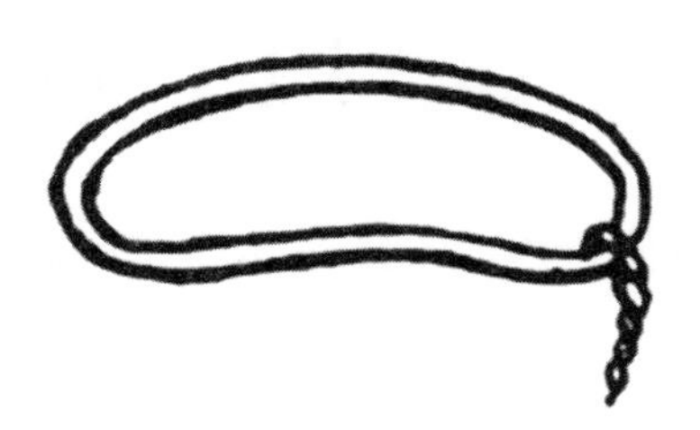

图 2-2 长柄绳导

（朱维正，2000. 新编兽医手册 . 2 版）

（二）牵拉器械

1. 产科绳 矫正和拉出胎儿最必需的用品之一。过去常用的是棉绳，柔软耐用，但不易彻底消毒，最好使用尼龙绳。不可使用粗硬麻绳，以免擦伤组织。用于大家畜的产科绳直径为 5～8mm，长度视需要而定（一般为 1.5～2m 即可）；绳的一端应有一圈套。产科绳应备有 3 条（图 2-3）。

使用产科绳时，可把绳套戴在中间 3 个手指上带入子宫，这样产科绳可随手的移动而到达相应位置。不可隔着胎膜拴胎儿，以免拉的时候滑脱（图 2-4）。

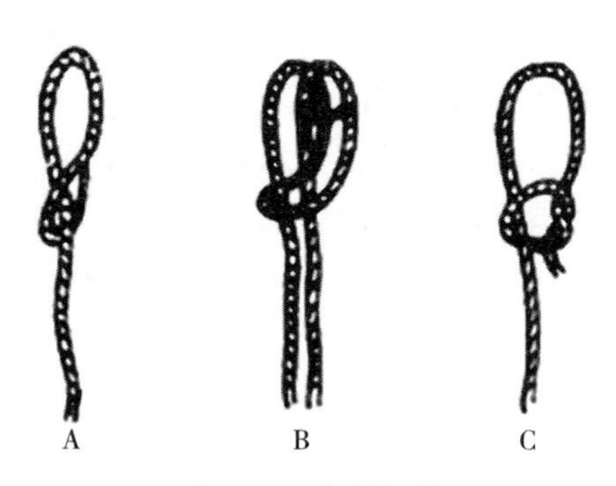

图 2-3 产科绳结

A. 产科绳 B. 单滑结 C. 活结

（朱维正，2000. 新编兽医手册 . 2 版）

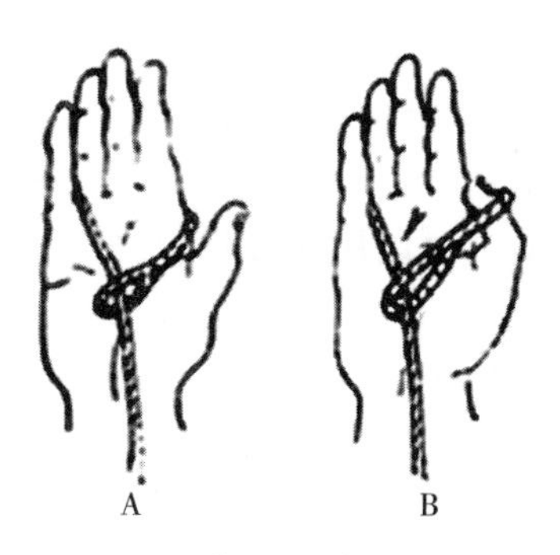

图 2-4 使用产科绳的方法

A. 将绳套在中间 3 个手指上带入子宫 B. 撑开绳套

（朱维正，2000. 新编兽医手册 . 2 版）

2. 产科钩 胎儿的某些部分如果用手和绳子都无法牵拉，这时可用产科钩，而且往往效果很好。产科钩有长柄及短柄的，每种产科钩的钩尖又有锐钝之分。

（1）长柄钩 柄长约 80cm，用于能够沿直线达到的部位，非常方便。术者用手握住钩尖带入产道，借助手推动，把它带到需要钩住的地方，并指导助手将钩尖转向此处。术者用力压迫钩尖，同时助手拉动钩柄，就能钩住。常用的钩尖有两种类型。一种是固定式的，另一种是活动式的，各用于钩挂不同的部位（图 2－5，B）。小家畜的长柄钩是用直径 4mm 的铁条做成的，长 40～50cm（图 2－6）。

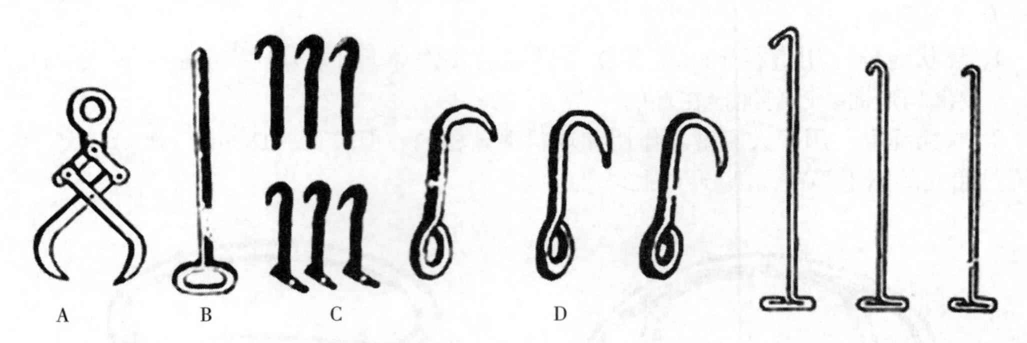

图 2－5 产科钩
A. 复钩 B. 长柄钩 C. 肛门钩 D. 短柄钩
（朱维正，2000. 新编兽医手册 . 2 版）

图 2－6 小家畜长柄钩
（朱维正，2000. 新编兽医手册 . 2 版）

长柄锐钩适用于死胎儿，是矫正胎头及拉动胎儿非常得力的器械。在正生时，可以钩住下颌骨体、眼眶、耳道和后鼻孔（从口腔伸进去，钩尖向上转）；倒生时可以钩住耻骨前缘或闭孔，也可钩住其他牢固坚硬的部位。钝钩的优点是不易损伤子宫，但钩的固定不是很牢固。

带进锐钩时，必须始终注意保护钩尖。下钩时，在任何部位均需从外向内钩，钩尖不可露在胎儿体外，以免损伤母体。拉动时，子宫内的手必须握住钩柄前端，同时食指触及胎儿，注意钩尖有无拉脱的可能，以便在滑脱以前及时停住。

（2）短柄钩 在子宫内可随意转动，能够用于不沿直线达到的地方。钩柄的圆孔是用来拴绳子的。此钩遇到努责及胎衣的阻挠时，不如长柄钩方便使用（图 2－5，D）。

（3）肛门钩 一种柄呈弧形的小钩，长 30cm（图 2－5，C）。胎儿如为坐生且已死亡，可将肛门钩伸入直肠，钩住骨盆入口的骨质部分向外拉。

（4）复钩 这种钩钳可以用来夹住大家畜的头、颈、腰、臀及其他粗大部位。在头部正常前置时，可以用来夹住眼眶，代替眼钩。使用方法是先把钩尖闭合起来带入子宫，抵在胎儿的某一部位上，把钩尖压开，然后将它夹住。复钩的优点是在拉的时候，钩尖可以牢固地夹住组织，不致拉脱；即使拉脱，因为钩尖是闭合的，也不至于损伤母体。但必须注意，有些复钩闭合以后钩尖是向两侧突出的（图 2－5，A）。

3. 产科钩钳 长 45cm 左右，用于小家畜。使用时将产钳闭合起来，伸入产道至胎儿头部，然后张开产钳的两唇，夹住胎头拉出来。钩钳的另端有一锐钩和钝钩，将钩钳拆开，可用它钩拉胎儿（图 2－7）。

4. 眼钩 用于钩住眼眶或其他组织。这种钩也分钝钩和锐钩两种（图 2－8）。

图 2-7　产科钩钳及使用法
（朱维正，2000. 新编兽医手册 .2 版）

5. 产科套　用于猪、羊，套住胎头，作为拉出器械。这是由 2 根前后端都有孔的金属杆和绳子构成的。杆长 40～50cm，直径 4～5mm。绳的一端固定在第一根杆的前端孔上，并穿过另一杆的前端孔和两杆的后端孔。把两杆的前端带入子宫，伸至胎头耳后，然后移动两杆前端，使它们都位于颌下。用手将两杆抓紧，并把绳的自由端拉紧，缠在杆上，就可拉动胎儿（图 2-9）。

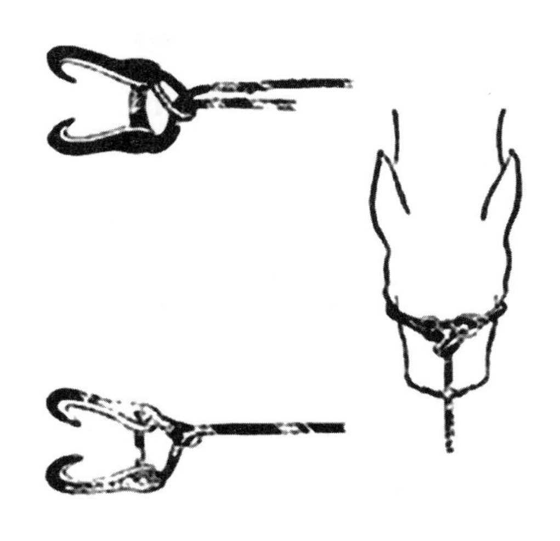

图 2-8　眼钩及使用方法
（朱维正，2000. 新编兽医手册 .2 版）

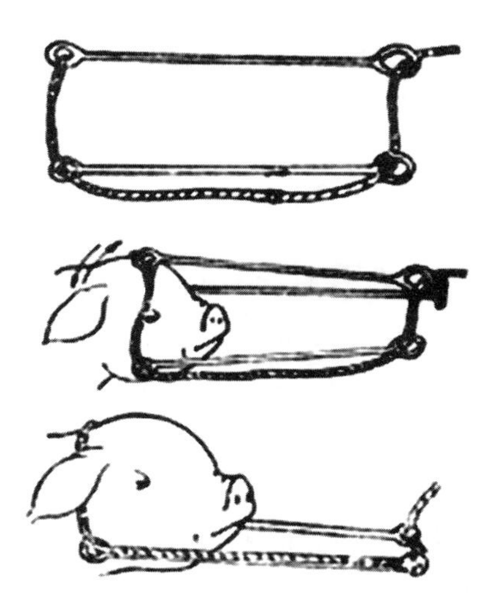

图 2-9　产科套及使用方法
（朱维正，2000. 新编兽医手册 .2 版）

（三）推的器械

推胎儿常用的器械是产科梃（图 2-10）。

大家畜产科梃柄长 80cm，前端呈叉状，叉宽10～12cm。有的在叉中间有一尖，可以插入胎儿组织内，推动时不易滑脱。可用于活胎儿，只要其尖端不破坏重要器官，所造成的损伤也是容易痊愈的。小家畜的梃叉宽为 6～8cm，柄较短。

使用产科梃以前，可先用绳子把胎儿露在阴门处的前置部分拴住，以便矫正后向外牵引胎儿，因为这时拴起来比较方便。

产科梃的用法是，术者用拇指及小指握住叉的两端将其带入子宫，对准要推的部位（正生时是梃叉横顶在

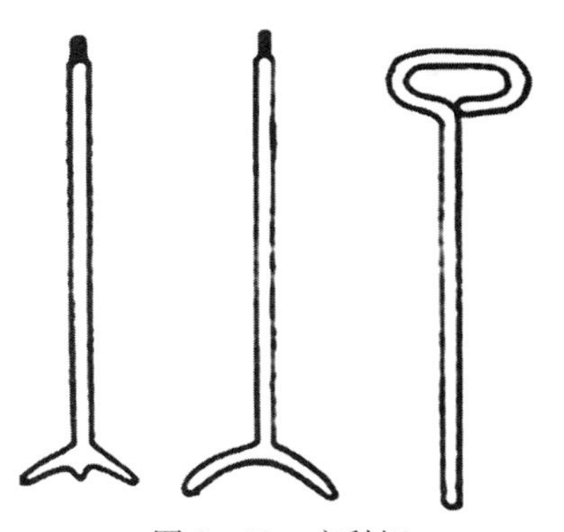

图 2-10　产科梃
（朱维正，2000. 新编兽医手册 .2 版）

胎儿胸前或竖顶在颈基和一侧肩端之间；倒生时是横顶在尾根和坐骨弓之间或竖顶在坐骨弓上)。然后，指导助手向一定方向慢慢推动。这时术者的手要把梃叉固定在胎儿身上，防止滑脱伤及子宫。推动应在母畜不努责时进行。努责时不推，且必须顶住，以免被推回。推动了一定距离以后，助手顶住胎儿，术者即可放手去矫正异常部分。对于死胎儿，如果梃叉无法固定在目标部位上，可将此处的皮肤及肌肉用刀子切破，把梃叉直接顶在骨头上。

(四) 截胎的器械

死亡胎儿如无法完整拉出，可以进行截胎，然后一块块地拉出来。截胎器械一般都是锐利的，使用时必须注意防止伤及子宫和软产道。

1. 隐刃刀 刀刃能退入刀柄之内的小刀，带入子宫或由子宫拿出时，不会损伤产道。刀柄长 10cm，后端有一圆孔，可以穿上绳子，以免滑脱后不易寻找。刀身有直、弯和钩等形状（图 2-11）。

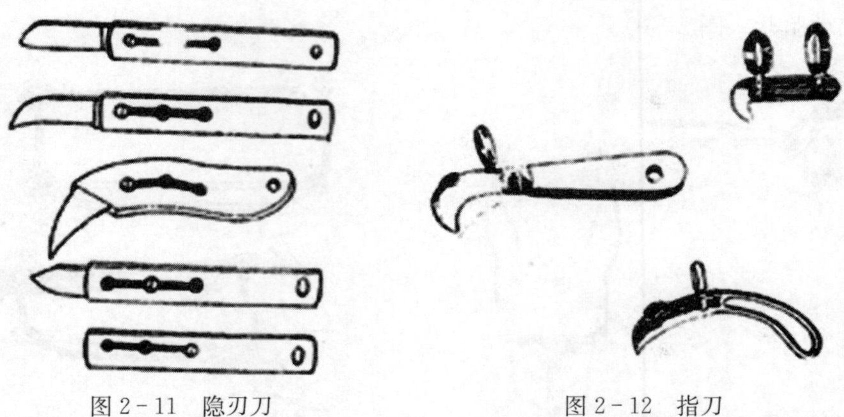

图 2-11 隐刃刀
(朱维正，2000. 新编兽医手册.2版)

图 2-12 指刀
(朱维正，2000. 新编兽医手册.2版)

2. 指刀 种类很多（图 2-12），刀身都很短，分为有柄和无柄两种。刀背上有一环或前后两环，可以套在食指或中指上；有的还有一指垫，以便用力切割。带入子宫和拿出时，必须用邻近的手指护住刀刃。

3. 剥皮铲 有一长柄，铲身呈槽形，其前缘为一不甚锐利的刃，用于剥离胎儿（主要是四肢）的皮肤（图 2-13）。剥离以后，即容易破坏四肢和躯干的联系，将四肢取出。操作时尚需将一只手隔着皮肤感触铲刃，避免铲破皮肤，损伤产道。

4. 推皮刀 推皮刀为剥皮铲的配套器械，前端有一叉，其间有刀片（图 2-14）。剥皮铲彻底分离皮肤后，用推皮刀把皮肤推切开。

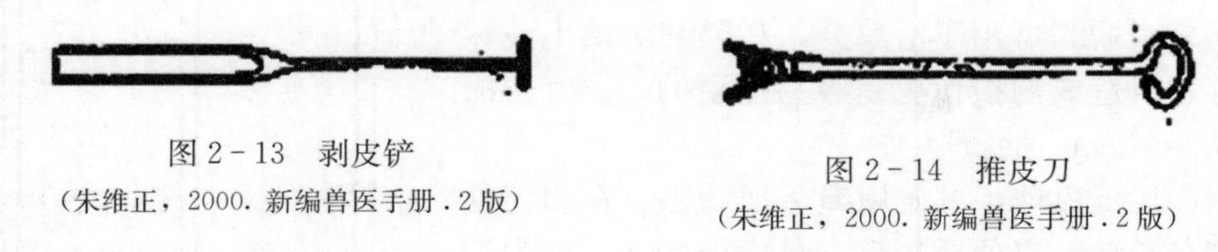

图 2-13 剥皮铲
(朱维正，2000. 新编兽医手册.2版)

图 2-14 推皮刀
(朱维正，2000. 新编兽医手册.2版)

5. 胎儿绞断器 由绞盘、钢管、钢绞绳、小摇把、大摇把和抬杠组成（图 2-15）。只要设法套上钢绞绳，就可绞断头、颈、躯干、骨盆及四肢等任何部位，并且套在异常部位上的钢丝绳还可用于牵拉矫正。此器械在肢解胎儿的器械中用途最广泛、最有效，也最快速。但被绞断部位的骨质断端不整齐，因而在分别拉出胎儿截块时，有损伤产道的可能。因此，必须用大纱布块包盖骨质断端。

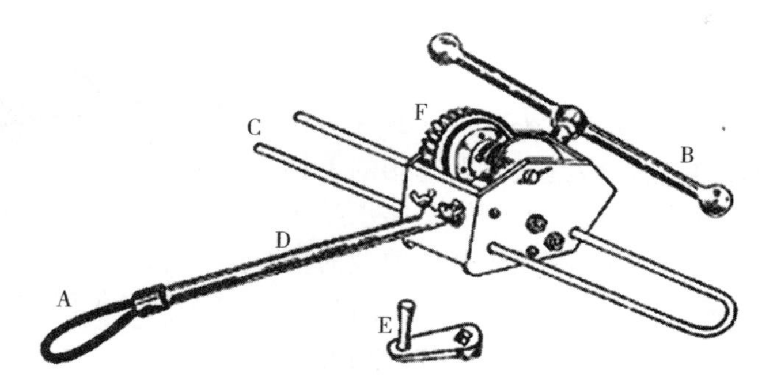

图 2－15　胎儿绞断器

A. 钢绞绳　B. 大摇把　C. 抬杠　D. 钢管　E. 小摇把　F. 绞盘

（朱维正，2000. 新编兽医手册 . 2 版）

使用时，先将钢绞绳的一端带入子宫，绕过预定绞断的胎体部分，然后将绕过胎体端拉出产道，并将两端对齐，穿过钢管，固定在绞盘上。术者将钢管送入子宫，顶在预定绞断的部位上，以手加以固定，防止移位。由两名助手抬起绞盘。先用小摇把将钢丝绳绞紧，再用大摇把用力慢慢绞断。如发觉大摇把空摇时，表示已经绞断。

三、产道助产的基本方法

（一）牵引术

牵引术除用于过大胎儿的助产外，尚可用于母畜的阵缩和努责微弱、轻度产道狭窄以及胎儿位置和姿势轻度异常等。另外，将胎儿的异常部位（或姿势）矫正以后，也必须把它牵引出来，所以这是家畜助产中的基本操作之一。

1. 正生时　可在两前腿球节之上拴上绳子，由助手拉腿。术者把拇指从口角伸入口腔，握住下颌；在马和羊，还可将中、食二指弯曲起来夹在下颌骨体后，用力拉头。拉的路线必须与骨盆轴符合。胎儿的前置部分超过耻骨前缘时，向上向后拉。如前腿尚未完全进入骨盆腔，蹄尖通常抵于阴门的上壁；头部也有类似情况，其唇部顶在阴门的上壁上，这时须注意把它们向下压，以免损伤母体。胎儿通过盆腔时，水平向后拉。胎头通过骨盆出口时，在马和羊是继续水平向后拉，牛则必须向上向后拉。拉腿的方法是先拉一条腿，再拉另一条腿，轮流进行；或将两腿拉成斜向排列之后，再同时拉。这样胎儿两个肩端就不是排齐前进，而是成为斜向排列，缩小了肩宽，容易通过盆腔（图 2－16）。胎头通过阴门时，可由一人用双手护住母畜阴唇上部和两侧

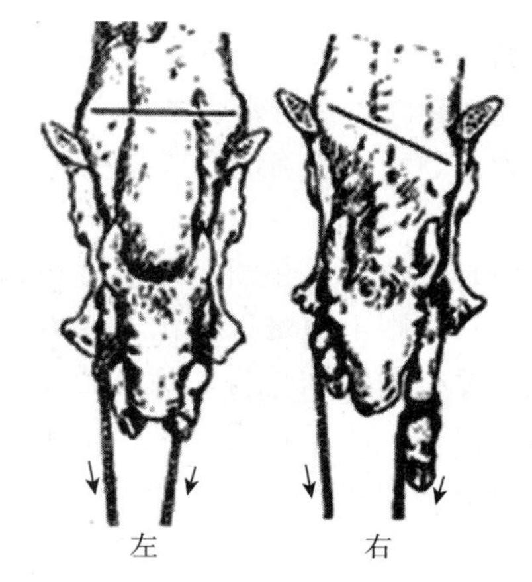

图 2－16　正生过大胎儿的正确（右）及错误（左）拉出法

（朱维正，2000. 新编兽医手册 . 2 版）

壁，以免撑裂。术者用手将阴唇从胎头前面向后推挤，以帮助通过。

为了帮助拉头，在活胎儿，可先将产科绳套住胎头，然后把绳移至口中（图 2－17）；这样牵引胎头不会滑脱。

图 2－17　产科绳拉头法
（朱维正，2000. 新编兽医手册 . 2 版）

在死胎儿，除可用上述方法拉头以外，必要时还可采用其他器械。通常是用产科钩，可以选用的下钩部位很多，下颌骨体之后就可以，但骨体不能承受很大拉力，下颌容易被拉断，须注意在折断以前及时停住。也可以钩眼眶，还可把钩子深深伸入胎儿口内，然后钩尖向上转，钩住后鼻孔或硬腭。其他任何能钩住的部位都可以。如果没有钩子，可用产科刀将下颌骨体之下之后的皮肤切破，通入口腔，然后穿上绳子，拴住下颌骨体进行牵引。

胎儿胸部露出阴门之后，拉的方向要使胎儿躯干的纵轴成为向下弯的弧形；必要时还可向下或向一侧弯；或者扭转已经露出的躯体，使其臀部成为轻度侧位。在母畜站立的情况下，还可以向下并先向一侧，再向另一侧轮流拉。在青年母牛，有时胎儿臀部不易通过母体骨盆入口，借助上述拉法，可以克服这种困难。待臀部露出后，马上停住，使后腿自然滑出，避免剧烈的牵引动作引起子宫脱出。

2. 倒生时　也可在两后肢球节之上套上绳子，轮流先拉一条腿，再拉另一条腿，以便使两髋结节稍微斜着通过骨盆。如果胎儿臀部通过母体骨盆入口受到侧壁的阻碍（入口的横径较窄），可利用母体骨盆入口垂直径比胎儿臀部最宽部分（两髋关节之间）大的这一特点，扭转胎儿的后腿，使其臀部成为侧位，这样便于通过。

在猪，正生时可用中指及拇指掐住两侧上犬齿，并用食指按住鼻梁拉胎儿（图 2－18）。如果可能，也可掐住两眼眶拉，或用产科套拉。倒生时，可将中指放在两胫部之间，握住两后腿跖部，这种握法很牢，不易滑脱（图 2－19）。拉出前几个胎儿并无困难，以后的胎儿则需等很长时间，或注射催产药，待它们移至手能抓到时再进行牵引。

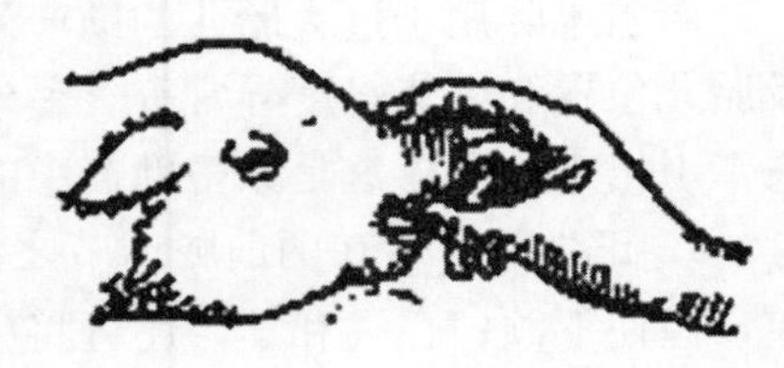
图 2－18　掐住两侧上犬齿拉出
（朱维正，2000. 新编兽医手册 . 2 版）

为了顺利、正确地完成牵引手术，必须注意以下事项：

（1）牵拉前，必须尽可能矫正胎儿的方向、位置及姿势；否则不但难以拉出，还可能损伤产道。拉出过程中要根据顺利与否，验证胎儿的异常是否已经完全矫正过来。矫正越完全，拉出越顺利。参加牵拉的人员一般不要超过 3 人，如果牵拉费力，说明矫正或其他方面还存在问题。只有在马和羊（骨盆腔相对较为宽大，胎儿较细）胎儿较小，并已深入产道，推回的困难很大时，才能在姿势稍微反常的情况下（如一侧肩部前置或坐骨前置）试行拉出，否则必须继续检

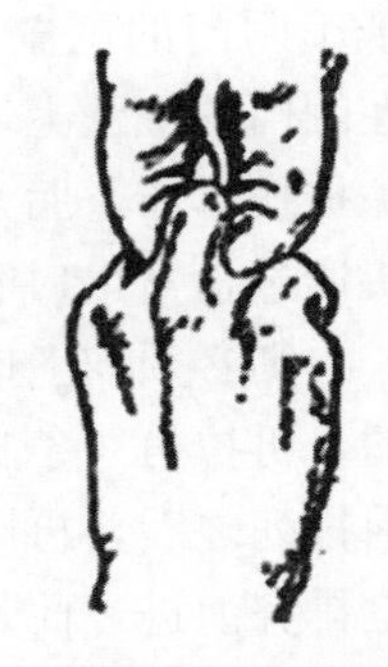
图 2－19　用手握倒生小猪后腿的方法
（朱维正，2000. 新编兽医手册 . 2 版）

查和矫正。拉出时用力不可太猛太快，防止拉伤胎儿，或损伤母体骨盆及软产道。牵拉过程中，牵拉人员一定要站稳站牢，身体不要向后倾斜，以便钩子滑脱或不需继续牵拉时能够立即停住。

（2）产道内必须灌入大量的润滑剂。

（3）牵引时应配合母畜的努责，这样不但省力，而且也符合阵缩的生理要求。如无努责，拉动胎儿即可把它诱发起来。努责时助手可以推压母畜腹部，增加努责力量。

（4）牵引时既要注意防止活胎儿受到损伤，还要考虑骨盆构造的特点，并沿着骨盆轴牵引，防止产道受到损伤。

（二）矫正术

矫正术是将异常的胎势、胎向和胎位改变为正常的胎势、胎向和胎位，以解除胎儿性难产最常用的一种手术助产法。

矫正异常胎势，就是将屈曲的头颈及四肢（一肢或几肢）矫正成为正确的姿势。当胎儿紧紧充塞于产道内时，欲实现异常姿势的矫正是根本不可能的。因此，必须用手或产科梃，以适当的力量将胎儿推入子宫深部。正生时推胎儿的颈肩结合部，倒生时推坐骨弓或臀部，既得力又安全。当难产发生已久、胎儿气肿严重时，由于子宫壁紧裹着胎儿，矫正术一般难以进行，需根据具体情况和条件选择其他的助产手段。

推入胎儿的目的，是给矫正姿势异常的头颈或四肢拉直并进入产道创造操作条件。矫正和拉胎头时常用手和产科钩，而矫正四肢则常以手和产科绳进行。矫正胎头和四肢时，必须注意用手握住胎儿嘴巴或蹄，以防止这些部位在移动过程中损伤子宫壁。

矫正异常胎向就是变横胎向、竖胎向为纵胎向。矫正横胎向的基本方法是将横在骨盆入口处的胎儿长轴做90°的回转，使其变成正生或倒生时的纵胎向；矫正竖胎向的基本要领在于将屈曲于胎儿下并进入产道的两后肢推回子宫内。

当异常胎位（侧胎位和下胎位）需要矫正时，可用扭转或旋转牵拉的方法来完成。还需要注意，当胎向和胎位异常时，往往伴发较复杂的胎势异常，因此，在矫正胎向、胎位之后还需矫正异常姿势，或者与此相反。其先后次序应根据具体情况来决定。

（三）截胎术

死亡胎儿如果无法矫正拉出，又因为可能引起母畜死亡不能或不宜行剖腹产时，可将胎儿某些部分截断，分别取出，或者把胎儿的体积缩小后牵引出。这种手术称为截胎术，主要用于马、羊和鹿等较大的动物。

1. 头部手术

（1）头骨截除术适应证　胎儿过大、脑腔积水和产道狭窄等。

【术式】将钢绞绳穿绕在胎儿两耳后的颈部，钢绳穿入钢管后，将钢管前端放入胎儿口内，把胎头绞为上下两半。先将头骨连同前颌骨取出，再包盖骨质断面，牵引前肢及下颌骨，将胎儿取出。

（2）头部截除术适应证

①胎头前置，同时肩关节或腕关节屈曲，胎头无法推回进行矫正时。

②胎头侧弯、胎头下弯或胎头后仰。

【术式】开放法头部截除术最常用的器械为胎儿绞断器或线锯。按照器械使用方法，先将钢绞绳或线锯条在管内穿好，然后把钢绞绳或锯条从胎儿唇部向后套到颈部（胎头前置），或穿过颈（头颈弯曲），伸到颈基部贴牢颈部，将颈部绞断或锯断，然后把头或躯体拉出（图 2－20）。无论拉出胎头或躯干，都必须用无菌纱布包盖骨质的断端，以防损伤产道（图 2－21）。

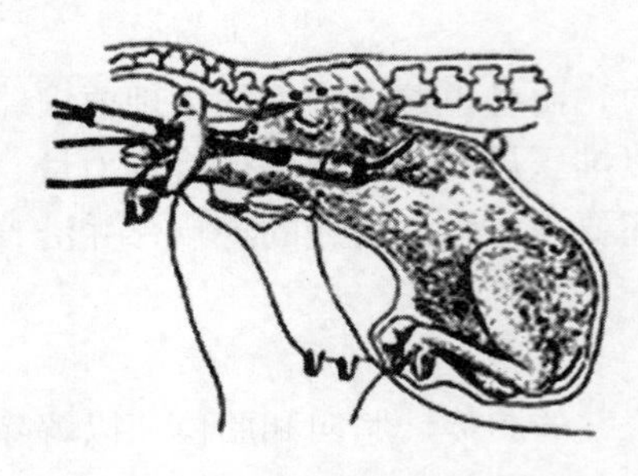

图 2－20　用胎儿绞断器截断姿势正常的颈部
（朱维正，2000. 新编兽医手册 .2 版）

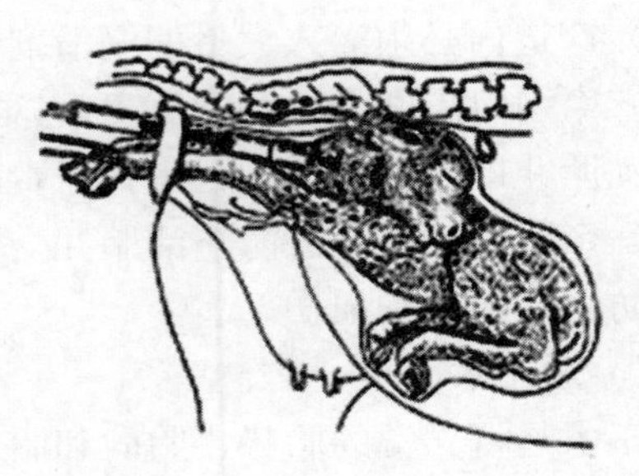

图 2－21　用胎儿绞断器截断侧转的颈部
（朱维正，2000. 新编兽医手册 .2 版）

2. 前肢手术

（1）用剥皮法截除正常前肢

【适应证】不能拉出的过大胎儿；矫正胎头不正姿势和前肢不正姿势；为躯干部手术创造条件。

【术式】剥皮法——先在预定截除肢的系部套好绳子，并尽可能向外拉出该肢。在腕关节或球节上方两侧各做一纵切口，把剥皮铲从切口伸至皮下，围绕前肢剥离皮肤，直至肩胛上端；当至腋窝时，须破坏前腿内侧与胸廓之间的软组织。用指刀、隐刃刀或皮刀从肩胛骨上端至原切口上方纵向切开皮肤，并于下方做环形切断皮肤，拉紧后，用指刀尽可能切断肩胛周围的肌肉。然后，各用 2～4 人分别强拉 2 条助产绳，常常连同肩胛骨和肩部肌肉一起被拉下来。如有剥皮铲或代用器械，此法简便、迅速，用途很广（图 2－22）。

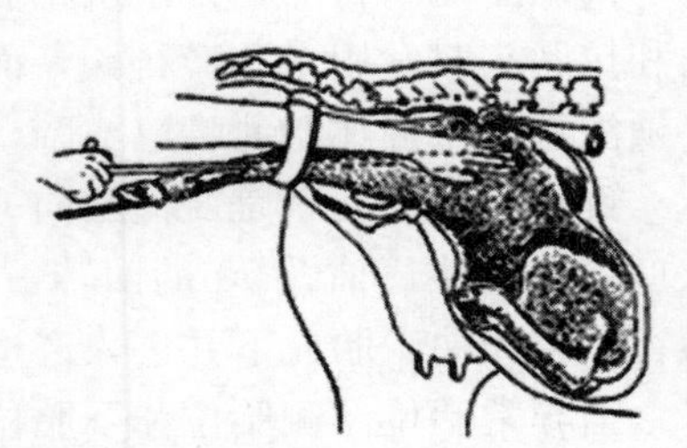

图 2－22　正常前肢截除术的剥皮法
（朱维正，2000. 新编兽医手册 .2 版）

（2）胎儿绞断器截除异常前肢

【适应证】不能矫正而又不能强行拉出的肩关节屈曲。

【术式】肩关节屈曲肢截除术。在截除肩关节屈曲肢时，应将钢绞绳绕于肘部与胸壁之间，然后截除，取出断肢。

3. 后肢手术

（1）用胎儿绞断器截除正常后肢

【适应证】倒生时胎儿过大（胎儿骨盆过大）或后肢姿势异常，以及为骨盆部手术做准备。

【术式】用钢绞绳套上预定截除的后肢髋结节前方，钢管须抵在对侧尾根部的凹陷内，以防钢绞绳下滑在股骨中部绞断。

（2）用胎儿绞断器截除异常后肢

【适应证】不能矫正或直接拉出的坐骨前置，须截除后肢。

【术式】可参考前肢方法。

4. 胸部截除术

【适应证】竖腹向及为正生时胎儿过大或产道狭窄时的手术创造条件。

【术式】首先尽量向外拉胎儿，将钢绞绳套上胎儿腹部，钢管尽力推入产道内，从腹部截除胎儿前躯。

5. 骨盆纵断术

【适应证】胎儿过大或产道狭窄，截除胎儿前躯后，后躯因骨盆围过大不能取出。

【术式】将钢绞绳绕过骨盆两后肢之间，钢管抵于腰椎，把骨盆从中间纵断后，分别取出两后肢。

（四）子宫颈切开术

【适应证】对子宫颈扩张不全的病例，在阵缩、努责不强、胎囊未破时，应稍加等待。在等待期间可用穿刺针在子宫颈部分点注射苯甲酸雌二醇（牛 40～60mg、羊 5mg），以扩张子宫颈，或向子宫颈内灌注热水、子宫颈涂擦颠茄软膏或 5%的可卡因溶液，以促进子宫颈组织松软、弛缓和子宫颈管扩张。当胎囊及胎儿的一部分进入子宫颈管时，应向宫颈内注入润滑剂，再慢慢试行拉出胎儿。在上述方法无效或子宫颈不能扩大的病例，可行宫颈切开术。

【术式】用隐刃刀伸入子宫颈口内，在子宫颈两侧做 2～3 个纵切口，切时隐刃刀由前向后切，切口深度 0.5～1.0cm，不得超过 1cm。也可用子宫颈钳夹住子宫颈阴道侧壁，将整个子宫颈拉到阴门外。按上述方法切开后，充分涂敷消毒软膏，拉出胎儿。在可能的情况下，应将子宫颈结节缝合数针，防止术后出血。

（五）阴门切开术

【适应证】先天性阴门狭窄，或产道后部发育不全，处女膜过度发育和坚硬；胎儿过大且阴唇弹性小而不能充分扩张；曾经遭受损伤形成瘢痕而不能扩张。

【术式】因阴唇的撕裂最易发生于会阴部，严重时会造成阴道直肠瘘，引起不良后果。因此，在牵拉胎儿过程中无法拉出或强行牵拉胎儿有撕裂外阴的可能时，应果断进行外阴切开术。

为了安全起见，母畜做站立或倒卧保定。一般不需要麻醉，必要时可用浸润麻醉。首先将外阴部用消毒液洗涤、消毒后，用外科手术刀或隐刃刀切开外阴。切开时先在一侧阴门上方，向上向外做一切口，切口长度及深度根据实际需要。一侧切开尚不能拉出胎儿时，可在另一侧再做相同切口。

胎儿拉出之后，切口要分两层进行缝合，先是将黏膜与肌层一起缝合，然后将皮肤与皮下组织一起缝合。

（六）子宫扭转复位术

（1）产道矫正法　这种方法仅适用于捻转不超过 90°，手能通过子宫颈握住胎儿时。矫正时应将母畜站立保定，并前低后高。必要时行后海穴麻醉，但剂量不可太大，以防母畜倒下。手进入宫腔后握住胎儿前置部，反向扭转胎儿，只要子宫复位，即可拉出胎儿。产道矫正法矫正羊的子宫捻转时，助手可将母羊的后腿抓起，使腹腔内的器官前移，然后伸入产道抓住胎儿腿部向捻转的对侧翻转胎儿。如果捻转程度不大，很容易矫正过来。

（2）肩抬矫正法　主要适用于大家畜的子宫捻转，且捻转程度小于180°。子宫向右捻转时，可在患畜右下腹部用肩往上顶，反复数次，同时另一人在对侧肷窝部由上向下施力，可以使捻转程度减轻，产道变宽。这时术者可将手伸入产道，尽可能握住胎儿前置部分，按产道矫正法与腹外两侧同时用力矫正，可以达到矫正目的。向左捻转时，操作方向相反。

（3）翻转母体法　翻转母体须在平整宽阔的地面上进行，在地面铺上一层较厚的垫草。母畜侧卧着地，子宫左侧扭转，则左侧腹壁着地（反之亦然），将患畜两前肢及后肢分别缚在一起，然后再缚在一长杆上，尽可能将前肢往前拉，后肢往后拉，以减少对腹部的压力。准备好后，同时猛烈拉前后肢，急速将母畜仰翻成对侧横卧，同时由另一助手把头部也转过去。由于迅速翻动，子宫因胎儿质量的惯性，不随母体转动，而恢复正常。因此，每翻转一次，须经产道检查子宫是否复位，从而确定是否需要继续翻转。如果一次未能成功，可将母畜慢慢翻回原位，重新翻转，有时要经过数次，才能使子宫复原（图2-23）。

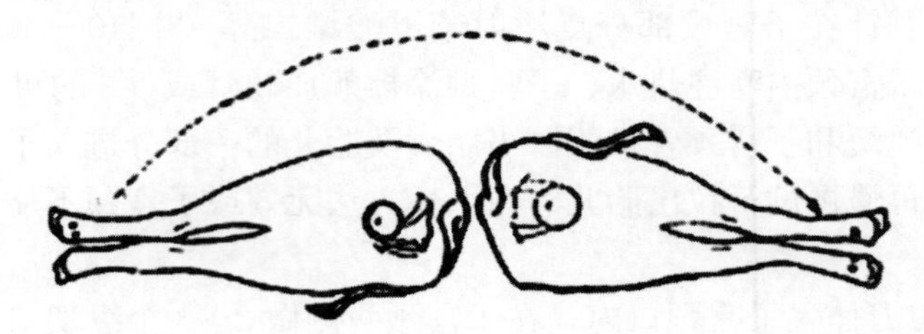

图2-23　矫正向右捻转的子宫
（朱维正，2000. 新编兽医手册.2版）

子宫矫正后的胎位多数处于下位或侧位，为了防止母畜起立后胎儿坠入腹腔，难于矫正或牵引，可在母畜处于半仰卧状态时将胎儿牵引出来。

如上述方法无效，可按剖腹取胎术程序切开腹壁，直接翻转子宫。子宫复位后，从产道拉出胎儿，再缝合腹壁；若翻转子宫有困难时，可切开子宫壁，通过子宫和腹壁创口取出胎儿。手术取出胎儿后，将捻转的子宫复位成正常状态。

犬、猫的子宫扭转也是子宫体长轴转动1～2圈。多发生于妊娠中期和后期，犬多发于猫。

第五节　注射法

注射法是通过注射器或注入器，将药液直接送入机体的组织、体腔或血管内的给药方法。其优点是显效快，用量准确，节省药物。

按制作的材料，注射器有玻璃注射器、金属注射器、塑料注射器和尼龙注射器4种。按其容量，有1～100mL不等，有时还会用到微量注射器，大量输液时则用输液瓶或输液袋。此外，还有装甲注射器、连续注射器、结核菌素注射器、吹针和注射枪等。近年来，国外生产有无针注射器，不用针头即可将药液送入皮下或肌肉内。

注射针头多由金属制成，前端斜面即为针孔，与注射器连接的部分即针基部，有金属和塑料两种。按其直径大小及长短分为不同型号。吹针及注射枪所使用的针头前端针孔封闭，留有侧孔，吸药后用胶垫封闭。

按动物种类、年龄、注射方法和注药剂量，选择适宜的注射器及针头。用前仔细检查注射器有无破损，针筒与活塞是否合适配套，金属注射器的橡胶垫是否老化，并调节好松紧度；针头尖部是否锐利、畅通，与注射器的连接是否严密。清洗、严格消毒或灭菌后方可使用。一次性注射器在制作时已经过灭菌，撕开外包装袋即可使用，但要检查是否过期。对注射的药液也要仔细检查，看有无混浊、沉淀，是否过期及药物是否对症。使用2种以上药物时，要注意有无配伍禁忌。无论何种注射方法，注射时必须严格执行无菌操作规程。剪毛后刮去皮垢，涂75%的酒精脱脂→涂5%的碘酊消毒→涂75%的酒精脱碘→注药→拔针→涂75%的酒精消毒。对于小动物或皮肤薄嫩处，应用2%～3%的碘酊或0.1%的新洁尔灭溶液消毒。

一、皮内注射

皮内注射法，是将药液注射于皮肤的表皮与真皮之间。多用于预防接种、过敏试验以及某些疾病的变态反应诊断。

【部位】选择不易受到摩擦及舐咬处的皮肤。马多在颈侧部；牛在尾根部；猪在耳根部；禽类在肉髯部皮肤。

【方法】以左手拇指和食指将皮肤捏出皱襞，右手持注射器，针头与皮肤成30°角刺入皮内深约0.5cm，缓慢地注射药液，每点一般不超过0.5mL。注射完毕，拔出针头，用酒精棉球轻轻压迫针孔，以免药液外溢。

【注意事项】推药时感到阻力很大，在注射部位呈现一个小丘疹状隆起为注射正确，否则将影响诊断和预防接种效果。若推药很容易，表明注于皮下，应重新刺针。皮内注射疼痛剧烈，应注意保定。

二、皮下注射

皮下注射法，是将药液注射于皮下结缔组织内，药液经过毛细血管、淋巴管吸收进入血液循环。因皮下有脂肪层，吸收速度较慢，注射药液后经10～15min被吸收。一般易溶解、无强刺激性的药品以及菌苗等，可做皮下注射。

【部位】选择富有皮下组织、皮肤容易移动且不易被摩擦和啃咬的部位。马、骡多在颈侧；牛在颈侧或肩胛后方的胸侧；犬在颈侧、背部或股内侧；猪在耳根或股内侧；羊在颈侧、肘后或股内侧；禽类在翼下。

【方法】左手拇指与中指捏起皮肤，食指压其顶点，使其成三角形凹窝。右手如执笔姿势持注射器，垂直于凹窝中心，迅速将针头刺入皮下深约2cm。右手继续固定注射器，左手放开皮肤，抽动活塞，不见回血时推动活塞注入药液。注射完毕，以酒精棉球压迫针孔，拔出注射针头，最后以碘酊涂布针孔。

【注意事项】正确刺入皮下时，针头可自由活动，如针头刺入肌肉内，则针头固定不能左右摆动。抽动活塞如有回血，表明刺在血管内，应稍向后退出，避开血管。注射药液量大时，可采取分点注射，强刺激性药物不能做皮下注射。

三、肌内注射

肌内血管丰富，注射药液后吸收较快，仅次于静脉注射；又因感觉神经较皮下少，故疼痛较轻，临床上应用较多。

【部位】凡肌肉丰富的部位，均可进行肌内注射。大动物在臀部或颈部；猪、羊多在颈部，尤其对体瘦的猪、羊，最好不在臀部注射，以免误伤坐骨神经；犬在颈侧、臀部或背部；禽类在胸肌部。

【方法】对中小动物，可不用分解动作，而进行直接刺针注射。对大动物，为防止损坏注射器或针头折断，可用分解动作进行刺针注射，即先刺入针头，而后连接注射器注射。用分解动作时，先以右手拇指与食指捏住针头基部，中指标定针的刺入深度，用腕力将针头垂直皮肤迅速刺入肌肉内，深2～4cm。然后，右手持注射器与针头连接，回抽活塞，以抽出针头内的空气及检查有无回血，如证明刺入正确，随即推进活塞，注入药液。注射完毕，拔出注射针，涂布5%的碘酊。

【注意事项】针头不要全刺入肌内，以免折断；强烈刺激性药液如水合氯醛、氯化钙和高渗盐水等均不能做肌内注射。注射时左手固定针头，右手固定针筒及推动活塞，并随动物的运动而运动，以免损坏注射器。

四、静脉注射

将药液直接注射于静脉管内，随着血流快速分布到全身，奏效迅速，但代谢也较快，作用时间短。对局部刺激性大的药液，如水合氯醛、氯化钙、高渗盐水、黄色素和914等均可采用本法；大量输液、输血、急救时需用静脉注射。

【部位】大动物多在颈静脉沟上1/3与中1/3的交界处，此处肌肉较薄，静脉比较浅在，并且由肩胛舌骨肌将静脉与动脉隔开，操作容易，便于注射。马、骡的注射部位，还可选择其他体表静脉如胸外静脉等；母牛的注射部位也可在乳静脉；水牛可在耳静脉。

犬及猫科动物的注射部位，在小腿外侧跖背外侧静脉、前臂内侧皮下静脉或颈静脉；猪、兔的注射部位在耳缘静脉、前腔静脉；羊在颈静脉；禽在肘部内侧的尺骨皮下静脉；鸵鸟在颈静脉。

【方法】对于马的静脉注射，刺针前，首先要看清颈静脉，以左手拇指横压于注射部位的稍下方，使静脉显露。如不明显，可稍抬高马头或使马头稍偏向对侧。此时，左手拇指紧压静脉，右手拿注射器或注射针头，针头斜面朝外，在指压点上方约2cm处，不可过远，与静脉成45°角，用腕力准确而迅速地将针头刺入静脉内。刺入正确时，可见回血，放开左手后徐徐注入药液。

注入大量药液时，一般采用分解动作。即首先刺入针头见血液涌出，随即将针头与皮肤成15°～20°角，继续进针约1cm。然后，连接排净空气的注入器胶管，将注入器放低，观察有无回血，见有回血后将注入器举起，使其与马头同高，药液便流入静脉内。

流入完毕，左手拿酒精棉球紧压针孔，同时将注入器放低见有回血时，右手迅速拔出针头，最后涂布5%的碘酊。

牛的皮肤较厚，刺针较困难，一般采用突然刺针法，即所谓的砍针法。右手持针头，对准静脉，与皮肤垂直，用腕力猛然将针头刺入静脉内，见血后再沿血管方向顺针1cm。

猪耳大静脉注射时，站立或侧卧保定，辅助者用手捏住猪的耳根部背面，使静脉怒张。用酒精棉球反复涂擦，并用手指弹扣，以使血管充盈，便于血管显露。术者左手把持并托平耳尖部，右手持针沿静脉径路刺入血管内，回抽活塞，见回血后再顺针。松开压迫静脉的手指，左手拇指压住固定针头，徐徐注入药液。大量输液时，可用胶布粘贴固定针头及输液管。

猪前腔静脉注射时，其部位在第一肋骨与胸骨柄结合处的前方，刺入深度依猪体的大小而定，一般为2～6cm，多选用16～20号针头。取站立或仰卧保定。站立保定时，于右侧耳根至胸骨柄的连线上，距胸骨端1～3cm，术者持连接有针头的注射器，稍斜向中央，刺向第一肋骨间胸腔入口处，边刺入边回抽活塞，见回血后注药。仰卧保定时，胸骨柄向前突出，于两侧第一肋骨结合处前侧方呈现2个明显的凹陷窝。用手指沿胸骨柄两侧触摸时，其凹陷窝更加明显。术者右手持针，于右侧凹陷窝处刺入，并稍斜向中央及胸腔方向，边进针边回抽活塞，见血后注药。完毕拔针消毒。

犬及猫科动物小腿外侧跖背外侧静脉或前臂内侧皮下静脉注射时，先在刺针部上方扎上橡胶管，以使静脉怒张显露，于刺入后注药前，松开橡胶管。输液时用胶布粘贴固定针头及输液管。

【注意事项】 严格无菌操作；确实保定，看准颈静脉后再刺入针头，避免多次扎针，引起血肿或静脉炎；反复刺针时要注意针头是否畅通，当针头被组织块或血凝块堵塞时应及时更换；针头确实刺入血管后，方能注入药液；注入大量药液时，注入速度不应太快，大动物以30～60mL/min为宜，药液应加温与体温同高，小动物可采用使输液管通过温水的方法来加温药液；油类制剂不能做血管内注射；要排净注射器或脉管内空气；注射强刺激性药物时，绝不能漏于血管外组织。

输液过程中要随时观察动物的表情，若发现骚动、出汗、气喘和肌肉震颤等异常征象，应及时停止注药，并采取相应措施。若输液速度突然减慢或停止，局部出现肿胀，应立即放低输液瓶，检查有无回血。或采用捏闭输液管上部，在捏闭下部加压或拉长输液胶管并随即放开，利用一时产生的负压来检查有无回血。未见回血时，应检查针头角度，或重新刺入。当发现药液外漏时，应立即停止注药，并用注射器尽量抽出外漏的药液。若为等渗无刺激性的药液，一般很快会自然吸收，无须处置；若为高渗盐溶液，可向局部及其周围组织内注入适量灭菌蒸馏水，以稀释之；若为强刺激剂，可向其周围组织内注入生理盐水；若为氯化钙，可注入适量10%的硫酸钠或硫代硫酸钠，使之变为无刺激性的硫酸钙和氯化钠；局部可用5%～20%的硫酸镁温敷；大量刺激性药液外漏时，应及早切开，并用高渗硫酸镁溶液湿敷及引流。

五、动脉注射

动脉注射法，是将药液直接注射于局部的动脉内。主要用于肢蹄、乳房及头颈部的急性或化脓性炎症等的治疗。

【部位】

（1）肢蹄病注射部位　正中动脉在前臂部上1/3的内侧面、肘关节下方2～3cm处，桡骨内侧嵴后方。指总动脉在掌骨内侧面上1/3和中1/3的交界处，于指屈深肌前缘，可摸到其搏动。跖背外侧动脉在跖骨外侧上1/3处的大跖骨与小跖骨之间的沟中。

（2）乳房病注射部位　会阴动脉在乳房后正中提韧带附着部的上方2～3指处，可触知位于会阴部体表的会阴静脉，于会阴静脉侧方，并与其平行的即为会阴动脉。

（3）头颈部注射部位　颈动脉在颈部上1/3的下界，颈静脉上缘与第6颈椎横突中央向下引垂线的交点，即为注射点。

【方法】

1. 正中动脉注射 侧卧保定，注射肢前方移位，左手食指压迫动脉，右手持连接有乳胶管的针头，于压迫点上方0.5～1cm处刺针。刺过皮肤后取40°～60°角，将针头由上向下刺向动脉，当感到有动脉搏动时，以迅速的弹性力刺入动脉内。血液鲜红、搏动样涌出时，为刺入正确。立刻连接注射器注药，注毕拔针并用酒精棉球压迫片刻。

2. 指总动脉注射 前肢前方移位，并保持伸展状态，左手拇指压迫动脉，右手持针头成45°向下方刺入。

3. 跖背外侧动脉注射 左手指于刺入点下方压迫动脉，右手持针头于压迫点上方0.5～1cm处，成35°～45°向内方刺入动脉。

4. 会阴动脉注射 以左手先摸到会阴静脉，在其侧方，右手持针头与皮肤垂直刺入，深4～6cm。

5. 颈动脉注射 在病灶同侧一手握住注射部下方，另一手持针头与皮肤垂直刺入，深约4cm。针尖接触到动脉时有搏动感。

【注意事项】保定要确实，操作要准确，严防意外。刺入动脉后应立即连接注射器注药，以防流血过多，污染术部，影响操作。注射时握住活塞，以免因血压力量，顶出活塞。

六、心脏内注射

当心脏功能急性衰竭时，可将盐酸肾上腺素等强心剂直接注入心脏内来抢救动物。还可用于家兔和豚鼠等实验动物的心脏采血。

【部位】多在左侧肩端水平线下方。牛在4～5肋间；马在5～6肋间；猪在第4肋间；犬在4～5肋间；兔在第3肋间。

【方法】左手向侧方移动皮肤，并压住注射部，右手持针垂直刺入，针头刺入心肌时有心搏动感，注射器随心跳而摆动，继续进针可达左心室内，阻力消失。见回血后注药。注毕拔针消毒，并用碘仿火棉胶封闭针孔。

【注意事项】确实保定，认真操作，准确刺入，以防损伤心肌。心脏内注射不得反复应用。反复的注射刺激，可引起传导系统发生障碍。未见回血即注射，将药液直接注射于心内膜下或心肌内，有引起心动停搏或心肌持续性收缩的危险。针刺入心房时，由于心房壁较薄，有随心搏动而出血的危险。注药时应缓慢，不可过急。

七、气管内注射

将药液直接注入气管内，主要用于治疗气管、肺部疾病或肺部驱虫等。

【部位】在颈腹侧上1/3下界的正中线上，于4～5或5～6气管环之间。

【方法】大动物采用站立保定，小动物做侧卧保定，固定头部，充分伸展颈部。局部剪毛消毒后，右手持针垂直刺入针头，深2～3cm，刺入气管后则阻力消失，抽动活塞有气体，然后慢慢注入药液。注射完毕，拔出针头，局部涂以碘酊。

【注意事项】注射药液应为可溶性并容易吸收的，否则有引起肺炎的危险，其剂量不宜过大（大动物一般在100mL以内为宜）；速度不宜过快，最好逐滴注入，所注药液的温度与体温同高，以免因气管黏膜受到刺激而将药液咳出；为了防止或减轻咳嗽，可先注射2%的盐酸普鲁卡因溶液 5～10mL，以降低气管黏膜的敏感性。

八、腹腔内注射

将药液注射于腹膜腔内的方法称为腹膜腔注射。因腹膜吸收能力很强，故当患病动物心脏衰竭、静脉注射困难时，可通过腹膜腔注射进行补液。本法多用于中小动物，特别是猪，大动物有时也可采用。

【部位】马、骡等大动物，可采用柱栏内站立保定或侧卧保定。局部剪毛消毒后，垂直皮肤刺针，深 3～5cm，然后注入药液。

猪可采用倒提法保定。局部剪毛消毒后，用右手持注射器，针头与皮肤垂直刺入腹腔。然后左手固定针头，右手推动注射器活塞，注入药液。

注射完毕，拔出针头，针孔用碘酊消毒。

【注意事项】注射时先回抽活塞，无气体和液体后缓慢注入药液；大量药液注入时，要加温与动物体温同高；保定要确实，使药液确实注入腹膜腔内。

九、瓣胃内注射

将药液直接注入瓣胃内，使其内容物软化通畅。主要用于治疗牛的瓣胃阻塞或真胃积食。

【部位】在右侧第 8～10 肋间（以第 9 肋间最佳）的肩关节水平线上为注射点。

【方法】站立保定，局部剪毛消毒后，用 10～15cm 长的 18 号针头，针头方向向左前下方，对准对侧肘头，刺入 10～12cm。针刺入后，接上注射器，先注入少量药液，感觉有较大的阻力，回抽活塞时，如有淡黄色且混有细碎草渣的内容物，表明刺入正确，即可注射药液。注射完毕，慢慢拔出针头，局部涂碘酊。

【注意事项】注射部位要正确，偏上或偏后，可能刺到胆囊；注射时，针头要确实固定，以防止其左右摆动或过深过浅。

十、关节腔内注射

将药液直接注射于关节腔内，用于治疗或诊断关节疾病，也可放出关节腔内积液。

【部位】于相应关节腔体表最明显处进针。

【方法】确实保定后，于关节腔体表最明显突出部刺针，刺入关节腔后阻力消失，流出关节液，放液后注药，完毕拔针消毒，并用酒精棉球压迫针孔片刻。

【注意事项】严格无菌操作，以免造成继发性感染。若为关节透创，冲洗关节腔时，应从创口对侧刺针冲洗，不应经原创口冲洗，以免造成感染。

十一、结膜下注射

将药液注射于结膜下，主要用于治疗眼部疾病。

【方法】确实保定头部，必要时应用化学保定剂，以使动物安静。一手开张眼睑，另一手持针由外眼角球结膜处，与眼球表面平行刺入结膜下，连接注射器注入药液。完毕拔针，轻轻按摩患眼。

【注意事项】确实保定，以防伤及眼球；严格无菌操作，以防造成感染。

十二、乳池内注射

用乳导管将药液注入乳池内，主要用于治疗乳牛、乳山羊的乳房炎。若注入空气，可治疗乳牛生产瘫痪。

【方法】以左手握住并轻轻下拉乳头，右手持消毒过的乳导管，自乳头口徐徐导入。导入后交于左手，并与乳头一同固定。右手连接注射器或输液胶管，徐徐注药。完毕拔出乳导管，以左手拇指与食指捏闭乳头口，防止药液外流。右手按摩乳房，以促使药液充分扩散。

送风之前，在金属滤过筒内，放置灭菌纱布，滤过空气，防止感染。4 个乳头分别充气，充气量以乳房皮肤紧张，乳房基部边缘清楚变厚、轻敲乳房发出鼓音为度。充气后手指轻轻捻转乳头肌，并结系 1 条纱布，防止空气溢出，1h 后解除。

若为冲洗乳房注入药液时，将洗涤药剂注入后，随即挤出，反复数次，直至挤出液透明为止，最后注入抗生素溶液。

第六节　穿 刺 术

一、腹腔穿刺术

【适应证】主要用于诊断肠变位、胃肠破裂和内脏出血等疾病。肠变位时，由于肠管及肠系膜的扭结、嵌闭而发生出血性炎症，血液成分渗漏到腹膜腔内，故穿刺液呈红色血样；胃破裂时，穿刺液一般带酸味，可见胃内容物；肠破裂时，穿刺液内混有肠内容物（大动物常见植物纤维）；肝、脾及腹腔大血管破裂时，穿刺液为大量血液。

另外，在治疗腹膜炎时，需放出腹水和注入抗菌药液。在小动物，还可进行腹膜腔麻醉和补液。

【部位】马的穿刺部位在剑状软骨后方 10～15cm、腹白线两侧 2～3cm 处，或在左下腹壁，由髋结节到脐部的连线与通过膝盖骨的水平线所形成的交点处。

牛的穿刺部位，同样是在剑状软骨后方 10～15cm、旁开腹白线 2～3cm 处。但为了避开瘤胃，一般是在中下腹部穿刺。

犬、猫、猪的穿刺部位在脐稍后方腹白线上或腹白线侧方 1～2cm 处。

【方法】大动物采用站立保定，中小动物采用侧卧保定或倒提式保定。穿刺部位剪毛消毒后，用注射针头垂直腹壁皮肤刺入 2～4cm。针头刺入腹膜腔后，阻力消失，有落空感。腹膜腔内有渗出液或漏出液时，即可自行流出。如液体不能自行流出，可用注射器抽吸。如果有大量腹水时，应缓慢放出，并随时注意观察心脏活动状态。

操作完毕，拔出针头，局部涂碘酊。

【注意事项】刺入深度不宜过深，以防刺伤肠管，刺针位置要准确。保定要确实，尤其是大动物柱栏内站立保定时，腹绳不能挡住针头。

二、胸腔穿刺术

【适应证】用于检查胸膜腔内有无渗出液以及渗出液的性质，从而确诊疾病；在胸膜炎、血胸等疾病时，以治疗为目的，排出胸膜腔内的病理性积液和血液；当化脓性胸膜炎或污染严重的开放性气胸等疾病时，洗涤胸膜腔及注入药液。

【器械】穿胸套管针或普通静脉注射针、注射器及止血钳等。有条件时，可用吸引器。

【部位】马在左侧胸壁第7或第8肋间、右侧胸壁第5或第6肋间；牛、羊在左侧胸壁第6或第7肋间、右侧胸壁第5或第6肋间；猪在左侧胸壁第6肋间、右侧胸壁第5肋间；犬在左侧胸壁第7肋间、右侧胸壁第6肋间。一律选择于胸外静脉上方2～5cm处。

【方法】大动物采取站立保定，中小动物可行侧卧保定，犬采取犬坐姿势较好。穿刺部位剪毛消毒后，左手将穿刺部位皮肤稍向侧方移动，右手将穿刺针或带胶管的注射针，在紧靠肋骨前缘处，垂直皮肤慢慢刺入。刺入肋间肌时产生一定的阻力，当阻力消失有空虚感时，则表明已刺入胸膜腔内。刺入深度一般为3～5cm，如有多量积液可自行流出。操作完毕，拔出针头，穿刺部位涂碘酊消毒。

【注意事项】胸膜腔穿刺前，必须做全身检查，尤其是要注意心脏的功能。如心脏活动衰弱，则应先强心补液，然后再进行胸膜穿刺。

穿刺放液时，不应过快，应间歇放出。以免胸膜腔内大量液体流出，血液突然进入胸腔脏器，使脑一时性缺血。或引起胸腔脏器毛细血管破裂，造成内出血。

胸膜腔内如为化脓性液体，排液后应用大量温生理盐水反复冲洗，直至排出的液体变透明为止。最后，于胸膜腔内注入抗生素。

穿刺或排液过程中，应注意防止空气进入胸腔；穿刺时防止损伤肋间血管及神经；刺入时以手指控制套管针刺入的深度，以防过深刺伤心、肺。遇有出血时，应充分止血，改变位置后再行穿刺。

三、心包穿刺术

【适应证】当心包内有渗出液、漏出液或血液等积液时，特别是牛的创伤性心包炎时，需要进行心包穿刺术。

【部位】取左侧第3～5肋间，叩诊呈现心浊音的部位。

【方法】穿刺部位剪毛消毒后，用8～10cm长的普通穿刺针，于穿刺部位的肋骨前缘慢慢刺入，刺入深度为3～5cm。如阻力消失，或穿刺针可随心脏搏动而摆动时，则证明刺入正确。此时，即可排出心包内积液或进行心包内洗涤。操作完毕，拔出穿刺针，局部涂碘酊。

【注意事项】心包穿刺术一定要确实保定，并将左前肢向前伸出固定，以充分显露心包区；心包穿刺要求细心而谨慎，粗暴地刺入时，可造成患病动物的死亡。因此凡进行心包穿刺时，需结合患病动物的全身情况慎重考虑。穿刺过程中，防止发生气胸。

四、瘤胃穿刺术

【适应证】瘤胃发生急性臌胀时，作为紧急救治的方法，必须施行瘤胃穿刺术，以免因瘤胃膨胀而造成窒息或瘤胃破裂。有时为了了解瘤胃内容物的性状或向瘤胃内注入药液，也需要实施瘤胃穿刺术。

【部位】在左肷窝部，由髋结节、腰椎横突和最后肋骨三者之间所构成的等距离点处。

瘤胃臌胀时，取其膨胀部顶点。

【方法】穿刺部位剪毛消毒后，做1cm长的皮肤切口，将套管针尖置于皮肤切口内，对准右侧肘关节方向，迅速刺入10～12cm。固定套管，抽出内针，以纱布块堵住管口进行间歇放气。倘若套管堵塞，可插入内针疏通或稍微摆动套管。排出气体后，为了防止复发，可经套管向瘤胃内注入防腐消毒剂。

操作完毕，插入内针，用力压迫腹壁，使瘤胃壁与腹壁密接，而后慢慢拔出套管针。切口涂以碘酊，用火棉胶覆盖。

紧急情况下，没有穿刺套管针时，应就地取材，切开皮肤后，可用竹管、放血针头等迅速穿刺瘤胃排气，以挽救患病动物的生命。然后，再采取抗感染等措施。

【注意事项】放气不可过快，并注意观察动物的表现。穿刺放气时，用棉球围于皮肤切口处，以防止针孔局部感染。

五、肠管穿刺术

【适应证】为了排除肠管内蓄积的气体或向肠管内直接注入药液时，需要进行肠管穿刺术。

【部位】盲肠的穿刺主要用于马，其穿刺部位是在右肷窝部，离髋结节和腰椎横突约10cm处。结肠的穿刺部位，一般于左侧腹部膨胀最明显处刺针。

【方法】站立保定，穿刺部位剪毛消毒。盲肠穿刺时，可先将穿刺部位皮肤纵向切开0.5～1cm。右手持穿刺套管针，由后上方向前下方，对准剑状软骨部或对侧肘头，迅速穿透腹壁刺入盲肠内，深约10cm。固定套管，拔出内针，气体即可经套管排出。此时应注意间歇排气，以防因血液循环的急剧变化，导致并发症。为制止肠内继续产气，在排出大量气体后，可经套管向肠内注入防腐止酵剂。拔出套管时，应将内针插入套管内，同时一手紧压穿刺部位腹壁，使腹壁贴近肠壁，然后慢慢将穿刺套管针拔出。术部涂以碘酊，并用火棉胶覆盖。

结肠穿刺时，可直接用封闭针头垂直皮肤刺入，深度一般为3～5cm。穿刺完毕，拔出封闭针，局部涂碘酊。

【注意事项】参见瘤胃穿刺。

六、膀胱穿刺术

【适应证】当排尿困难或尿闭时，作为急救措施，可进行膀胱穿刺术排尿。

【部位】大动物可以从直肠内进行膀胱穿刺，中小动物则从下腹壁进行膀胱穿刺。

【方法】大动物从直肠内进行膀胱穿刺时，应行柱栏内站立保定，手伸入直肠内掏尽宿粪。然后用手带入穿刺针，从直肠内刺入膨满的膀胱内排尿。在排尿过程中，术者的手要一直固定穿刺针，排尿结束，拔出穿刺针。

对于中小动物的膀胱穿刺，应行仰卧保定。于耻骨前缘的下腹壁上，垂直腹壁皮肤刺入膀胱内排尿。

【注意事项】经直肠穿刺时，应充分灌肠排出宿粪；刺入膀胱后应固定好，防止滑脱；不可多次反复穿刺；大动物强力努责时，不可强行经直肠内穿刺，必要时给以镇静剂后再行穿刺。

七、骨髓穿刺术

【适应证】主要用于采取骨髓液，诊断焦虫病、锥虫病、马传染性贫血及白血病等。有时也用于骨髓的细胞学、生化学的研究和诊断。

【部位】马是由鬐甲顶点向胸骨引一垂线与胸骨中央隆起线相交，在其交点侧方 1cm 处的胸骨上。

牛是由第 3 肋骨后缘向下引一垂线，与胸骨正中线相交，在其交点前方 1.5～2cm 处。

【方法】左手确定术部，右手将骨髓穿刺针或带芯的普通针头向内上方倾斜，穿透皮肤及胸肌，抵于骨面时用力刺入。刺入深度，成年马、牛约 1cm，幼畜约 0.5cm，针尖阻力变小即为刺入骨髓。此时拔出针芯，接上注射器，徐徐抽吸，抽出骨髓。穿刺完毕，插入针芯，拔出穿刺针，术部严格消毒，涂碘仿火棉胶封闭穿刺孔。

【注意事项】已刺入针头而无骨髓液吸出时，应改变方向、位置重新刺入。注意不要误刺入胸腔而损伤心脏。骨髓液富有脂肪，不易均匀地涂于载玻片上，这是正常的。

八、脑脊髓穿刺术

为快速地预防和控制某些脑神经疾病，常需要进行脑脊髓穿刺术，抽取脑脊髓液，做出快速诊断。

【部位】马在最后腰椎棘突和第 1 荐椎棘突及左右荐结节之间大约 $2cm^2$ 的部位，牛、羊在腰荐部最后腰椎和第 1 荐椎连线的中点凹陷处。

【方法】先将动物作腰弯姿势，后肢向前拉直，头靠向腹部保定之。局部剪毛消毒后，先皮下注射 1～2mL 局部麻醉剂，左手指端按住穿刺部位，右手持针与皮肤垂直或以 5°～10°角缓缓刺入。当针头穿过腰荐韧带时，阻力明显减小，针头抵达硬膜时阻力又增大，同时动物后躯有跳起的反射动作，稍待片刻，最后针头刺透硬膜，进入蛛网膜下腔。脑脊髓液会自动流出，或用注射器抽吸脑脊髓液。完毕拔针消毒。

【注意事项】确实保定。在连接注射器时，不要将针头从蛛网膜下腔内拔出。

第七节　包扎与固定

一、卷轴绷带

卷轴绷带主要用于四肢，是最常用的一种。

【包扎规则】在患部创伤处置及放置敷料或加衬垫后，以右手拿绷带，左手拉开绷带的外侧头，使展开外侧头的卷轴带背向患部，一边继续展开，一边缠绕。第一圈缠完后，将绷带起始端的上角向下折转，继续缠第二圈并将前者覆盖，使两圈重叠，即为环形起。以后按不同种类的包扎形式装着之。最后两圈也按起初的缠法使之重叠，即为环形止，并将绷带的末端剪成两条，打方结固定。卷轴带的任何一种包扎形式，均应以环形起、环形止，操作中应该用力均匀、松紧适度，绷带平整无褶。

【包扎形式】

1. 环形带　主要用于系部、掌部和跖部等较小创伤的包扎。包扎时，从第二圈起至最后一圈止，每圈均相互重叠。

2. 螺旋带 主要用于掌部、跖部及尾部。从第三圈起，每缠一圈要覆盖前一圈的一半，如此由下向上呈螺旋式包扎。包扎尾绷带时，由上向下，每包扎1～2圈，应将尾毛向上折过前一圈绷带，随即以下一圈绷带压住，以防止绷带滑落。

3. 折转带 主要用于上粗下细的部位，如前臂或小腿部。包扎法与打裹腿的方法完全相同。即每螺旋式包扎一、二圈的同时，在肢的外侧方将绷带向外向下折转一次，再斜向上方继续包扎，并覆盖前一圈的一半。折转部必须平整。

4. 交叉带 主要用于球关节、腕关节或飞节。即在关节的下方以环形带起始，然后经创面斜向关节的上方，做两圈环形包扎，再从关节上方斜向返回关节下方。如此，反复在关节创面交叉，直至将患部完全包扎住为止，最后以环行带结束。腕关节的交叉绷带，其上方的环行包扎应在副腕骨的上方，因副腕骨有防止绷带滑脱的作用。

5. 蹄绷带 仅用于蹄部。将绷带的外侧头置于系凹部，并留出约20cm长作支点，在系部先作环行包扎，继之，将绷带经蹄底绕过蹄尖壁返回至系凹部，再折转绕过支点，并继续绕蹄返回包扎，直至将蹄完全包住为止，最后在系部与游离的支点打结固定。为防止绷带被污染，可于其外面涂松馏油或装着帆布、橡胶蹄套。

6. 蹄冠绷带 用于蹄冠及蹄球部。包扎法类似于蹄绷带，但仅包扎于蹄冠及蹄球，而不经蹄底。此外，其支点应位于伤口的对侧。

7. 角绷带 用于角壳脱落、角突部分骨折或断角术时。包扎法时，先在健康角根上做环形带，然后将绷带引至病角根，由角根向角断端作折转带或螺旋带。至角断端时，用绷带将其盖住，再由角断端缠至角根。最后，返回至健康角根部包扎数圈并打结固定。

二、复绷带

复绷带是按照损伤部位的形态特点，利用棉布、纱布、棉花或木棉等材料，而缝制成具有足够大小，并与患部相适合的包扎物；在其各角及边缘有适当数量的布带，以便打结固定。

复绷带的形式，依应用部位的不同而有各种各样。常用的有眼绷带、前胸绷带、鬐甲绷带和背腰绷带等。

三、三角巾

三角巾是战伤救治时常用的一种绷带。主要用于头部、四肢关节，也用于蹄部等处。

三角巾一般由白布制成，有大有小，依部位而定。常用的底边长180cm，高为65cm。另外，还有1个敷料垫。

四、结系绷带

结系绷带，是手术后为保护创口及减轻创缘张力的一种绷带。

装着时，将创口做2～3等份分别于等分线及创口上、下角处，旁开创缘3～4cm（或于皮肤缝合针孔外侧1～1.5cm），将缝针刺入皮肤，与刺入点相距0.5cm刺出。然后跨过创口，在对侧相应处做与上述方法相同的刺针，并除去缝针，留下缝线。最后将灭菌纱布折成数层置于缝线下面，收紧各缝线，打活结固定，更换敷料时，可随时解开。

五、支架绷带

支架绷带，为一种具有固定敷料、起支柱或梁架作用的绷带。主要用于卷轴绷带包扎困难或不易包扎确实的部位，如飞节、鬐甲及背腰部位。

1. 飞节支架绷带 最常用的是由套有橡皮管的软质金属丝或细绳而构成的环形支架。它可以牢靠地固定敷料，不因动物走动而失去其作用。

2. 鬐甲及背腰部支架绷带 为由纱布包盖住的金属丝网架。它既有固定敷料、保护创伤的作用，又有保持创伤安静及与大气相通的作用，故对鬐甲和背腰部创伤的愈合极为有利。

六、悬吊绷带

悬吊绷带，用于乳房、阴茎等处。如乳房炎、阴茎水肿和阴茎麻痹等发生时，用此种绷带把它们悬吊起来，以辅助治疗。

乳房悬吊绷带，可用复绷带的形式做成。阴茎悬吊绷带，可用布条把橡皮管圈编连在一起制成。

七、夹板绷带

夹板绷带，主要用于四肢骨折、肌腱断裂及重度关节扭伤等。夹板材料，可就地选择，故适用于平、战时紧急救护。

【夹板材料】一般用竹板，也可用木板、树枝和厚纸板等。最好事先按不同个体及不同部位制好备用。夹板的长短、数量和形状，要依患部长短、粗细及形状而定。先制成厚0.5～0.8cm、宽2.5～3cm的竹板。然后，依患部长度（患骨上下关节之间）及外形制成相适应的夹板，两端要向外侧稍弯曲，使其与所接触骨的上下关节部相适应。这样能增加夹板的支持作用，也能避免压磨及刺伤皮肤。所用竹板数量依患部粗细而定。

【包扎方法】在骨端复位及创伤处理后，局部用卷轴带作螺旋形包扎3～4层，并将陷凹处垫平，外加厚纸垫及毛毡垫，再装夹板，最外面用铁丝或细麻绳做2～3道绑扎使之固定。若前臂部骨折，为防止绷带滑脱，可用卷轴带或其他细带将夹板吊于鬐甲部。

包扎过程中需要注意，衬垫物要填充适当，过多会导致固定不确实，过少则会造成压迫，夹板上下关节部之衬垫尤应填充适当。夹板的绑扎要松紧适当，过松易滑脱，过紧也易造成压迫。患病动物起立时要特别小心，防止因用力或挣扎而造成骨端转位。

八、石膏绷带

石膏绷带，主要用于四肢骨折或四肢关节脱位、重度关节扭伤和肌腱断裂等治疗。

【绷带材料】主要是石膏绷带卷和支撑物，其次为敷料、棉花和卷轴带等。支撑物的作用恰似人的拐杖，以支持患肢，借此分散患部所承受的重力震荡作用。故支撑物有加强绷带固定作用。支撑物的材料要坚固、质轻。通常前肢用竹板，后肢用钢条。

【包扎方法】根据使用目的之不同而有不同的方法。常用无衬垫支撑石膏绷带。为了包扎迅速、确实，最好将动物侧卧保定及全身麻醉。对创伤行外科处理及对患肢刷拭后，用细铁丝缠系于蹄铁头、蹄铁尾或蹄壁周围，以牵引患肢。系凹部用棉花及纱布填平。为防止拆除绷带时损伤皮肤，可用卷轴带将患肢松松地包扎一层。

将石膏绷带卷放入盛有40～50℃水的盆或水桶中浸泡，待气泡逸出停止时，取出并以双手握其两端，挤出多余水分即可使用。石膏绷带卷最好放入0.1%的升汞溶液中浸泡。浸泡时把石膏绷带卷的外侧头拉出放在盆沿上，取出一卷再浸泡另一卷。

一般多从下而上装起，即从蹄部环形起始，向上作螺旋形包扎，直达骨折部上端关节的上方，再以环形经止。中等体格的马、骡，前肢在第四个（后肢第五个）石膏绷带卷的外面放置支撑物。支撑物均应放在肢的前面正中，下端超出蹄尖壁0.5～1.0cm。然后，继续包扎3～4个石膏绷带卷。

包扎时，只要把绷带拉开展平，轻轻地缠在肢上即可，尤其是前一、二层绷带更应注意，以免绷带发生皱褶及过紧，造成压迫。但也不能过松，过松则失去固定作用。在肢体较细的部位，石膏绷带应与体表贴附，不可架空而过，并应多缠几层使之填平，尤其是放置支撑物的地方绷带表面要平坦，使支撑物与绷带层按照患肢曲线密切贴合。在石膏绷带之间不留空隙，以免分层散开，影响其坚固性。故从第二层起，边缠边用手掌按绷带方向轻轻涂抹，务必使各层紧密连接、凝成一体。缠完最后一层绷带，取出盆中石膏泥，加在绷带表面并抹光，待稍干后，标明日期、骨破折线及创口位置。

九、内固定

骨折外固定达不到目的时，或因迟延愈合的骨折以及形成假关节时，应施行以治疗为目的的内固定法。当管状长骨斜骨折时，可用不锈钢丝缝合。当髁骨部骨折、股骨颈骨折时，可用不锈钢螺丝钉固定。当中小动物管状长骨、盆骨以及复杂骨折时，可用接骨板固定。当犬的股骨、胫骨、肱骨、桡骨及尺骨骨折时，可用不同型号的髓内针固定。

第八节　手术的基本素养和基本功

手术的种类繁多，大小、范围和复杂程度也各不相同，但都是在手术基本知识的指导下，由许多基本操作技术所组成的。是否能熟练地掌握这些基本知识和基本操作技术，直接关系到手术的成败。

一、基本功训练

手术操作过程中并不完全是应用手术基本器械来进行的，有很重要的一部分手术操作是用手来完成的。如疝囊的钝性分离、剖腹产娩出胎儿、切脾时搬脾等。因此，术者不但要熟练使用手术器械，同时，还要具有徒手操作、触摸并探明病灶的本领。刀、剪、钳、镊、针和线是必不可少的基本手术器械。切开、止血、结扎、缝合、分离和暴露，是外科手术的六大基本技术。这些基本技术需要对手术器械使用熟练，是术者必须掌握的基本技能。

二、手术素质训练

素质是指人的神经系统和感觉器官的先天特点，但可通过后天的训练来养成和提高。

就其身体素质而论，体弱、眼力差和手颤等，是当不好外科医生的。身体锻炼是手术基本功训练的前提条件，所以要多锻炼手、腕和臂，以增加其力量和灵活性。分离和暴露技术是通过手术实践来逐步解决的，但是结扎、缝合等技术可通过平时的台下练习来熟练掌握。身体素质、技术训练和手术经验，是手术技巧的三大要素。

外科医生还要有良好的手术心理素质，因某些手术有一定的风险性，如严重的粘连性肠便秘粘连松解术、肠变位整复术等。这类手术不仅操作困难，且易发生意外造成患畜死亡，会给术者带来思想压力。精神紧张，容易出现颤抖动作，这些因素均会影响术者的正常操作。

三、手术的基本程序

手术是一项组织性很强的集体操作。施行手术时，需将工作人员组织起来，分工负责。参加手术的有关人员，事先要了解个人的职责、手术的进程、目的和要求，以及可能发生的危险和意外。手术过程中，既要坚守各自的岗位，又要协调工作，听从术者的指挥，这样才能有条不紊地完成手术。

（一）手术的步骤

【手术路径】显露与手术有关的器官或病灶，为进行主手术打开通路。如腹腔器官手术时切开腹壁、心脏手术时打开胸腔等。手术的成败与手术路径的选择有很大关系，选择手术路径的原则是：损伤小，但要足够大，便于手术操作；距离病变组织或器官最近，利于术野的显露。

【主手术】手术的主要部分。为了消除疾病而在有关组织或器官上进行的手术操作，是整个手术成败的关键。主手术应尽可能做得彻底，否则会给术后治疗带来麻烦。

【手术创的闭合】手术的最后步骤。根据不同手术要求，分全部闭合、部分闭合、暂时闭合和不闭合几种。

临床上并非所有的手术都包括上述三个步骤。有些手术的手术路径即是主手术，如皮下脓肿切开术；有些手术的主手术与手术创的闭合又很难分开，如脐疝时的疝环闭锁术。

（二）术前准备和术后处理

手术的成败和效果的优劣，与术前准备和术后处理密切相关。

【术前准备】术前应明确，手术的适应证，术后能否适应生产上的要求；动物全身体况能否经受得起手术；术前需要做哪些必要的处理，才能保证手术的顺利完成；怎样完成手术治疗要求；术中可能出现的情况和处理方法。

术前首先对患病动物按诊断的要求，进行全身检查及必要的化验，以判定其体况，并进行必要的处理。局部检查的重点是病变的部位、性质以及与周围组织的关系等。

结合检查结果，手术人员进行集体讨论，分析患病动物的体况；患部在解剖学上的特点；所处的病理阶段；手术的性质；术中可能发生的意外情况及预防措施。结合具体情况，制订出手术方案。

手术方案包括：人员的组织分工；保定方法；麻醉方法；提出手术所需要的器械、药品、缝合材料、敷料的种类和数量，以及术中的急救药品的种类和数量；手术的经路、切口的大小和方向、组织切开与分离、止血、缝合的方法等；做好第二种手术准备，如嵌闭性腹壁疝，若肠管已发生坏死，不得不做肠管切除吻合术；手术后的饲养、护理和继续治疗的措施等。

【术后处理】术后处理的内容很多，全麻手术时，在动物未完全苏醒前应有专人看管，注意保温，预防感冒。术后1周内，每天早、晚对手术动物加以仔细观察，尤其要注意有无术后出血及其他并发症，发现问题及时处置。

四、常用手术器械及其使用方法

（一）手术刀

用于切开和分离组织，常用的执刀方式有餐刀式、执笔式、弹琴式和全握式4种，手术过程中灵活选用。

不论何种执刀方法，握刀柄的位置高低要适当，过低妨碍视线，过高控制不稳。在手术中，应用手术刀切开或分离组织时，一般应使用刀刃凸出的部分，避免使用刀尖，以免刀尖插入深层组织，引起不必要的损伤。操作时，刀刃应与组织面垂直，由浅而深地逐层切开，并根据不同部位的解剖特点，适当控制力量和深度，手术刀用后应立即递给器械助手，不允许随意放在手术区，以免造成手术动物或手术人员的意外伤害。

（二）手术剪

用于分离和剪开、剪断组织的剪刀称为组织剪；用于剪线和剪敷料等用品的剪刀称为剪线剪。组织剪和剪线剪均有不同的类型、大小和长短，但剪线剪一般为钝头直剪，在质量上和形式上的要求不如组织剪严格。

组织剪分为直、弯两种，其前端又有尖头和钝头之分。直剪适用于浅部手术操作；弯剪适用于深部手术操作。手术中剪开组织时，剪刃必须锐利，以免导致不必要的组织挤压损伤。同时，一般应用剪刃的前端，逐步剪开，这样可以避免误伤重要组织器官。

使用时，拇指和无名指各插入1个环内，食指压于轴部。

（三）手术镊

用于夹持、稳定或提起组织，以便于分离、切开或缝合。常用的手术镊有两大类：一类前端有齿，一般为2～5个，可以较牢固地夹住组织，但齿尖对组织有一定的损伤，因而多用于皮肤、皮下组织、筋膜和肌腱等坚韧而较结实的组织；另一类前端无齿，用于黏膜、血管和神经等脆弱组织，对组织损伤较小。

用拇指对食、中指执拿，执夹时力量应适中，避免因挤压组织力量过重而造成损伤。

（四）止血钳

用于夹住出血部位的血管或组织，以达到止血的目的，或便于用线结扎止血。有时也用于分离组织、拔出缝针和牵引缝线等。止血钳有不同的样式，但基本上可以分为直和弯两种。直钳用于浅部手术及显露充分部位的血管止血，以及拔针、牵引缝线等；弯钳用于深部手术的止血及组织分离。

为了暂时阻断较大的血流，或做血管吻合术时，不可用一般止血钳，而应使用特制的“无创性”血管钳。执拿方法同手术剪。

（五）持针钳

用于夹持缝针或打结。兽医常用的持针钳为全握式持针钳。

（六）缝针

缝针的种类很多，大小粗细也不同。手术时应根据具体的需要选择适用的缝针。

从外形区分，有直针和弯针两类。直针一般较长，可用手直接操作，动作较快，适合于肠壁、筋膜等的缝合；弯针又分全弯针和半弯针，半弯针和全弯针均须用持针钳夹持操作。半弯针适合于皮肤切口的缝合，全弯针适合于腹膜、肌肉等的缝合。

缝针的尖端有圆形和三角形两种，三角形针尖有锐利的刃缘，能穿过较坚韧的组织，如皮肤、腱、骨膜、软骨以及瘢痕较多的组织等，但易于切破附近血管，针通过组织后所留下的孔道较大；圆形针尖呈圆锥形，尖部细，体部渐粗，穿过组织时损伤较轻，适合于大多数软组织如筋膜、肌肉、腹膜、神经的缝合。

缝针的针孔有两种，一种为闭孔，缝线必须由孔穿进；另一种针孔后方有一裂开的凹槽称为弹机孔，缝线可从凹槽压入针孔内，纫线较快，但可能损坏缝线，应从线的一端纫入。

另外，尚有一种在制作时缝线已包在尾部的缝针，针尾较细，且为单线，穿过组织后所留孔道最小，所以称为“无损伤性缝针”，多用于血管的吻合或缝合。

（七）牵开器

用于牵开手术区表面组织，以便于深部组织的显露，有利于手术操作的顺利进行。

牵开器包含牵开片和执柄两部分。牵开片有各种不同的形状、长短和宽窄。有呈耙状的，有呈钩状的，可根据手术部位和深浅的需要选择。另外，在腹腔或盆腔手术时，可用固定牵开器，既可节省人力，又可显露深部组织器官。

五、组织分离法

组织的分离是显露病变的重要步骤，分离的原则是：显露要充分，但损伤要少，尤其是不要过多地损伤大的血管、神经、腺体输出管等，有利于愈合，愈合后不影响局部功能。

因组织的不同，其分离的方法也不同。皮肤常用紧张或皱襞法进行锐性分离，紧张切开时应力求一刀切完，注意深度，只切开皮肤即可，以免损伤其他部位。皮肤活动性较大，其下又有重要器官时，可采用皱襞切开法。分离筋膜时，应逐层切开，不要一刀切完，当有大血管、神经等，可先提起切一小口，再插入有钩探针或止血钳扩开。分离肌肉时，应尽量沿肌纤维方向钝性分离，利于缝合及愈合，必要时也可横断或斜断肌纤维。分离腹膜时，先提起腹膜切（剪）开一小口，插入有钩探针、止血钳或手指，在其引导下扩张切口至所需长度。分离骨膜时，先用刀切开，后用骨膜分离器分离，注意保持其完整性，以利于后期愈合。分离骨组织及角质时，可根据需要使用圆锯、骨钻、线锯、骨剪、蹄刀、蹄铲、平锯和断角器等器具。

六、止血法

充分止血，可防止失血过多，保证显露，术野清晰，避免误伤，减少感染，利于愈合。毛细血管出血时呈滴状渗出，可自行止血，或稍加压迫即可止血。静脉出血时呈暗红色，从末梢端持续流出，小静脉可自行止血，大静脉出血则不易自行止血。动脉出血时呈鲜红色，从近端流出或喷射出，不易自行停止，需及时止血。实质性出血属混合性出血，持续流出，不易自行停止。

止血的方法很多，手术时需要灵活运用。压迫止血主要用于毛细血管、小血管渗血，或深部创腔、鼻腔等部的弥漫性出血，注意是按压，不能用纱布擦血。结扎止血较为可靠，对已断的血管，先用纱布按压，拿起纱布后看准出血点并将其钳夹住，之后结扎，在收紧结扎线第一结扣的同时撤去止血钳。对未断又必须断的较大血管，先钳夹血管，从中间剪断后再结扎，也可先钳夹结扎血管，然后从中间剪断。有些小血管钳夹后留钳数分钟，无须结扎即可止血。钳夹血管断端时尽量少带周围组织。有时还会用到电凝、烧烙、骨蜡和止血粉等其他止血法。

七、缝合法

缝合的目的是使创面、创缘密接，创口闭合，以减少感染，加速愈合，且有止血和治疗作用。

缝合原则是：无菌手术创、无感染的新鲜创，均须在无菌条件下行密闭缝合。对化脓创、具有深在性创囊时，不得密闭缝合，可做部分缝合，或不缝合。缝合时创面要平整密接，各层组织分别对正，不留“死腔”。结应打在创口一侧，不能压在切口上方。

缝合的方法分类较多，按连续性分，有间断缝合和连续缝合。间断缝合有结节缝合、减张缝合和钮孔状缝合等；连续缝合有单纯连续缝合、荷包缝合、褥式缝合和锁边缝合等。按缝合后创缘的对合位置分，有单纯对合缝合、内翻缝合和外翻缝合等。按缝合的时间分，有初期缝合（5～12h）、延期缝合（3～5d）和次期缝合等。按创缘的接近程度分，有接合缝合与接近缝合。按切口缝合的长度分，有密闭缝合与部分缝合。按缝合的层次分，有单层缝合与分层缝合。

皮肤常采用结节等分缝合法缝合，也可采用减张、连续锁边法缝合，皮肤闭合后的状态以稍稍外翻为宜。对于薄嫩处皮肤，进出针位置距创缘距离应适当，不应过远，打结也不应过紧，否则皮肤易形成皱襞而影响愈合。犬、猫有些部位的手术，可适当增加些皮内缝合法，以防止咬、挠断缝线，创口裂开。肌肉常采用结节或钮孔状缝合法缝合，要连同筋膜一起缝合，防止血液潴留。腹膜一般自下而上单纯连续缝合。必要时可连同腹横筋膜、腹横肌一起缝合。膀胱和子宫应用可吸收缝线缝合，以避免术后形成尿结石，或影响怀孕。

第九节　常用麻醉法

一、吸入麻醉

在国内兽医临床上，一般是在中小动物实施吸入麻醉，而大动物的吸入麻醉开展得较少。

对于中小动物实施吸入麻醉时，常采用开放式点滴法进行麻醉。此方法比较简易，不需特殊设备，只需按不同动物，准备不同大小的金属口罩即可进行麻醉。麻醉时，先用凡士林涂于动物口、鼻周围，然后用盖有4～6层纱布的口罩将口、鼻罩住，周围用纱布或毛巾塞紧，最后在口罩上点滴乙醚或氟烷等进行麻醉。点滴的速度应根据麻醉表现加以调整，通常开始时要慢，待动物适应后可逐渐加快速度。开放式点滴法进行麻醉时，由于大部分麻醉药散发于大气中，浪费较大，同时，麻醉的深度也不易掌握。

将麻醉机与大气相通的活瓣关闭起来进行的，为密闭式麻醉。此时，呼出的二氧化碳由特制的石灰罐中的钠石灰吸收；呼出气体中的麻醉药则可反复吸入，因此麻醉药消耗少，易于维持麻醉平稳，但必须严格掌握麻醉剂量，以免过量。

将麻醉机活瓣开放或部分开放的，是半开放或半关闭式麻醉。采用此方法麻醉时，呼出的二氧化碳和气体中的麻醉药大部或全部排出麻醉机外，因此，要根据动物的麻醉表现来调整麻醉药的剂量。

任何麻醉机对呼吸都有不同程度的阻力，同时，在麻醉时还要给动物戴面罩或进行气管插管。因此，凡进行吸入麻醉时，一定要进行麻醉前给药或进行基础麻醉。

二、非吸入麻醉

(一) 马的麻醉法

1. 水合氯醛静脉内注入麻醉法 注射液的配制，通常用生理盐水，最好是5%～10%的葡萄糖液、5%的葡萄糖硫酸镁或15%的乙醇为溶剂。高浓度增加刺激性，引起溶血；低浓度又增加注入药液量，加重心脏负担，同时麻醉期的到来也慢，故以5%～10%为宜。煮沸会使水合氯醛分解成酸性，注入后可使动物发生酸中毒，故溶液不可煮沸。配制时，可用高压灭菌过的容器或将容器先装水煮沸15min，待容器温度降至60～80℃时，加入所需的水合氯醛，充分振荡，使药品完全溶解，无菌滤过后应用。药液配成后，应在2～3d内用完，不可久存，最好现用现配。

药液的注入，温驯马可牵至手术场地，倒卧保定后做静脉内注入。具体剂量参见表2-2。烈性马宜在柱栏内或用其他方法保定后，先将药液总量的1/3注入。当病马站立稍有不稳，后躯摇晃时再行倒卧保定，然后注入剩余药量。注入时，药液应加温至与体温同高，严禁药液漏出血管。注入开始时速度要慢，以减少对心血管系统的刺激。待开始出现麻醉状态时，注入可加快。一般以15min内注完500mL的速度为宜。

注入时，一定要细心观察病马，掌握注入速度，精确地计算剂量并注意角膜反射、呼吸及心脏的变化。

表2-2 马水合氯醛静脉内麻醉剂量

药名	方法	每100kg体重剂量（g）	效果
水合氯醛	静脉内注入法	4～6	浅麻醉
		6～9	中麻醉
		10～12	深麻醉

一般来说，骡比马、公马比母马、烈马比驯马、壮马比老幼马、肥胖马比瘦马需要更大的药量，才能达到同样的麻醉效果。

如果手术需要延长时间，病马已接近苏醒时，可再追加麻醉。但给药量不可过大，一般水合氯醛每100kg体重总量不可超过14g，并严密观察病马全身状态，以防中毒。

2. 保定宁麻醉法 保定宁注射液是用二甲苯胺基噻唑和EDTA等量合并，并把此溶液干燥成粉后，溶于水而制成。临床上对马属动物麻醉时，其用药剂量依动物的年龄、体质和手术要求而定。肌内注射时，马、骡通常为每千克体重0.8～1.2mg；驴为每千克体重2～3mg。四肢末端和腹下部位手术，可增加到规定剂量的1倍。手术时间达1h以上者，按全量追加1次，以后按半量追加。静脉注射时，则按上述剂量折半计算。

应用保定宁麻醉时，其镇静作用时间一般持续1～5h，镇痛时间为20～40min。

由于保定宁是二甲苯胺基噻唑和EDTA合并而成，二甲苯胺基噻唑易引起心脏房室传导阻滞和术中切口轻度渗血现象，应加以注意。

3. 传导麻醉法 马属动物的腹部手术最为常见，腹部手术时可行腰旁神经干传导麻醉，配合局部切口的浸润麻醉，在站立保定的情况下即可完成手术。必要时全身给予镇静剂。

（二）牛的麻醉法

牛因其生理和解剖的特点，不适于做全身麻醉，尤其是深麻醉。牛的肺活量小，腹腔中又有特大的瘤胃，倒卧时由于腹压增大，瘤胃压迫膈肌可引起呼吸困难。此外，多数的全身麻醉药都能引起牛的大量流涎，加上深麻醉时贲门括约肌松弛，导致瘤胃液状内容物可能经口涌出，有造成吸入性肺炎的危险。同时，麻醉时胃肠运动机能受到抑制和长时间倒卧的影响下，瘤胃内大量的发酵内容物容易引发膨胀。为了克服这些不利因素，牛麻醉前应禁饲24h，并用小剂量（每千克体重0.4mg）的阿托品，以减少唾液腺和支气管腺体的分泌。为了治疗膨胀，应备有胃管和瘤胃穿刺套管针，以及预防吸入异物的气管导管。

对牛施行手术又有许多有利条件，因为牛对疼痛的敏感性较马弱，牛能在站立保定和施行局部麻醉的情况下接受多种手术（包括瘤胃切开术）。即使需要全身麻醉的手术，一般也可在浅麻醉下配合局部麻醉进行手术。真正需要施行深麻醉的情况是不多的。

1. 酒精麻醉法 牛用酒精作为全身麻醉效果不好，已如前述。一般用96%的精制酒精按每100kg体重35～40mg的剂量，以生理盐水或5%的葡萄糖液稀释成含30%～40%的酒精浓度，给牛做静脉注射。注射后1～5min即开始浅麻醉，并可维持1～3h。

2. 水合氯醛麻醉法 牛用水合氯醛麻醉由于其毒性及副作用均比马大，故应慎重。临床上常用其5%～10%的生理盐水或5%的葡萄糖液配成溶液。每100kg体重剂量为5g（浅麻醉）、8g（中麻醉）、12g（深麻醉）。

3. 盐酸二甲苯胺噻唑麻醉法 牛用盐酸二甲苯胺噻唑作为全身麻醉效果较好。其用量为每千克体重0.6mg，肌内注射5min后，牛就自动倒卧，产生镇静、镇痛及肌肉松弛的作用。可以安全地进行手术。

（三）羊的麻醉法

基本上同于牛，但应用更多的是巴比妥类药物。其常用药品及剂量如下。

1. 戊比妥钠 静脉注射，一次量为每千克体重30mg，可麻醉30～40min，苏醒时间2～3h。由于戊巴比妥钠易引起瘤胃膨胀，因此麻醉前应禁饲。

2. 异戊巴比妥钠 作为镇静或基础麻醉之用。每千克体重5～10mg，静脉注射或肌内注射均可。

3. 硫喷妥钠 静脉注射，一次量为每千克体重15～20mg，麻醉时间10～20min。

（四）猪的麻醉法

由于肥育猪心脏疾病较多，肺活量较小，再加上猪的鼻咽通道容易阻塞，因此容易缺氧。此外，由于饲养不良所致的代谢障碍病也较多见，如蛋白质缺乏症、维生素缺乏症及矿物质代谢障碍等。因此，猪对全身麻醉的耐受性较差。

猪全身麻醉常用巴比妥类药物：

1. 戊巴比妥钠 静脉注射，一次量为每千克体重10～25mg，麻醉时间30～60min，苏醒时间4～6h。本品也可采用腹腔注射，大猪（50kg以上）采用小剂量（每千克体重10mg）；小猪采用大剂量（每千克体重25mg）。

2. 异戊巴比妥钠 静脉注射或肌内注射作为镇静或基础麻醉。剂量每千克体重为5～10mg。

3. 硫喷妥钠 静脉注射，一次量每千克体重为10～25mg，麻醉时间为10～15min，苏醒时间为0.5～2h。腹腔注射，一次量每千克体重为20mg，麻醉时间为15min，苏醒时间为3h。

（五）犬、猫的麻醉法

常用药物有巴比妥类、氯胺酮、隆朋及神经安定镇痛药。

1. 戊巴比妥钠 按每千克体重20～25mg，配成2%～2.5%的溶液，静脉注射或腹腔注射，注射后迅速进入麻醉期，麻醉期持续2～4h。

2. 硫喷妥钠 按每千克体重20～25mg，配成2%～2.5%的溶液，静脉注射或腹腔注射。进入麻醉期与麻醉持续时间大致同上。

3. 盐酸氯丙嗪 按每千克体重1～2mg，一般做肌内注射，麻醉持续时间为1～2h。

4. 硫戊巴比妥钠 按每千克体重10～25mg配成4%的溶液，静脉注射。作用时间较短。

5. 甲己炔巴比妥钠 按每千克体重10～12mg配成25%的溶液，静脉注射，作为诱导麻醉。作用时间为5～10min。

6. 氯胺酮 主要用于猫，犬不适用。猫按每千克体重20～30mg，肌内注射；每千克体重4～8mg，静脉注射。大剂量时，可出现肌肉强直性痉挛甚至惊厥，为克服这些不良反应，可先肌内注射乙酰丙嗪（每千克体重0.2～0.4mg），10～15min后再肌内注射氯胺酮（每千克体重25mg）；或先肌内注射隆朋（每千克体重0.5～1.1mg），20min后再肌内注射氯胺酮（每千克体重11～22mg）。麻醉前应注射阿托品，以减少唾液的分泌。

7. 隆朋或静松灵 按每千克体重1.0～2.0mg，肌内注射或静脉注射，持续时间为30min，常与氯胺酮配合应用。

8. 芬太尼-氟哌啶合剂 每毫升合剂中含芬太尼0.4mg、氟哌啶20mg、对羟基苯甲酸甲酯1.8mg和对羟基苯甲酸丙酯0.2mg。按5～10kg体重的犬肌内注射1mL此合剂，作用时间为1h；静脉注射纳洛酮0.1～0.4mg，可促进动物苏醒。

9. 氧吗啡酮-乙酰丙嗪合剂 先皮下注射乙酰丙嗪0.1mg（可与阿托品同时用），15min后静脉注射氧吗啡酮每千克体重0.1～0.3mg。

10. 846麻醉合剂 剂量犬按每千克体重0.1mg，猫每千克体重0.2～0.3mg，肌内注射；催醒或急救可用苏醒灵4号，按每千克体重0.1mg剂量，静脉注射。

第十节　常用手术要点及注意事项

一、头部手术

（一）圆锯术

一般采取站立保定即可，但要用细绳确实固定头部。局部传导麻醉或浸润麻醉，全身应用镇静剂。

术部要准确，应依动物的种类、年龄、病性、局部变化、手术目的及解剖学特点等具体选定。

额窦与颌窦圆锯术时，一般与体正中矢面平行切开皮肤。牛、羊多头蚴包囊摘除术时，皮肤做U形或半圆形切口。因术部不同，其皮瓣基部的方向也不同。

一般“十”字形切开骨膜，分离骨膜时应尽量保证骨膜的完整性，以利于术后骨组织的修复。

使用圆锯时，左手把持锯柄，使锯杆与骨面保持垂直，先重后轻，平稳施加压力；右手转动锯杆，先慢、中快、后慢地均匀用力。用骨螺锥取下骨片后，必须修整并清拭锯孔边缘。当化脓坏死性窦炎时，可用消化酶液冲洗。颅腔手术时应小心，以防伤及脑组织。

术后防止摩擦术部，经常运动，休息或冲洗时放低头部。炎症消退前、尚需冲洗时，要防止皮肤切口过早愈合。

（二）鼻腔手术

操作较复杂时，应先做气管切开术。以免手术时将血液等吸入呼吸道，及术后因鼻腔填塞物等造成呼吸道阻塞。

止血要充分，因鼻腔手术出血较严重，断离组织时，先断外侧、后断内侧。必要时用纱布填塞止血。

（三）牙齿手术

行截牙术或锉牙术时，要注意防止损伤舌、口腔及咽喉。

拔牙术时，动作不可粗暴，先要充分分离齿冠基部齿根，牙齿活动后，沿牙齿纵轴方向拔出。

4岁以下的马因眶下管和下颌管尚未与齿根尖端分离，所以不能实施臼齿打出术。实施臼齿打出术时，动作不可粗暴，所做圆锯孔要正好对着预打出臼齿的根部尖端，注意臼齿根部有一定的弯度，不是直的。

（四）舌手术

缝合前要造新创面，并注意缝合方法。若截断的部分较长，截断后应剪断舌系带，并将其黏膜缝合，以增大所留舌的活动范围。术后注意口腔卫生，定时饲喂及饮水，饲喂后冲洗消毒口腔，保持口腔清洁。

（五）牛豁鼻修补术

缝合前先造上、下相吻合的新创面，注意扣瓣缝合时的穿针深度。成型后注意外形要美观。术后保持术部清洁干净，饲喂后戴上口笼，不能下水洗澡。愈合3～5个月后，方能再上鼻环。若缝合失败，可在上部竖穿鼻环。

二、眼部手术

（一）眼睑内翻矫正术

多取健侧侧卧保定，安静者可站立保定。局部浸润或配合传导麻醉，必要时应全身浅麻。

术前 2～3d 即应进行结膜囊内的清洗消毒。术前局部彻底剃毛消毒。

其矫正方法是，与睑缘平行，楔状切除部分睑板后缝合。切除部分应大小适当，过小导致矫正不足，过大则会造成眼睑外翻。

缝合时注意针距及深度。老龄者可部分切除多余的皮肤，也可采用三角形切除外眼角处眼睑的方法矫正。

轻者可试用皮肤缝皱法，眼睑皮下注射无菌液体石蜡法，或采用皮肤的 Y 形切开 V 形缝合法矫正。

（二）翼状胬肉切除术

小心地在角巩膜缘处划开胬肉，与角膜面成 25°角，在胬肉与角膜之间分离。动作要稳、准、轻、慢，不残留胬肉，以防复发，不可损伤角膜。

分离、切除、缝合的程度，距角膜边缘不可少于 3mm，穿针时不要穿透巩膜全层。

（三）白内障摘除术

分囊内摘除法和囊外摘除法。手术前应适当散瞳，摘除晶状体前应将虹膜做周边或全切除，以沟通眼前、后房，保持其压力平衡，防止虹膜脱出或前粘连。摘除晶状体时，用滑出法或冷冻摘除法。

（四）眼球摘除术及眶内容物剜出术

要保证眼球的完整性，防止葡萄膜落入眼内。视神经应尽量剪除长些。

行眶内容物剜出术时，应将肿瘤组织彻底清除，并将眶骨膜分离一同摘除。止血要充分，鼻侧组织最后切断。

三、耳手术

（一）犬耳整容成形术

常做竖耳术，而耷耳术较少使用。耳修剪的长度和形状，因犬的性别、品种和体型不同而异。手术的最佳年龄为 8～12 周。

术前，将外耳道塞上棉球，以免污物落入耳道内。切除前，两耳应做好标记，确保两耳的形状和大小一致。固定切除时，应将皮肤向保留部推移，以便缝合时用皮肤包住耳软骨。切除耳基部耳郭时，务必使保留的部分呈足够的喇叭形，否则耳失去基础支持而不能竖立。术后应安置质轻而坚挺的支撑物，并且包扎耳绷带。

（二）耳血肿手术

在发生 24h 内，用干性冷敷，并结合压迫绷带治疗。大的血肿形成数日后，用注射器抽出血液，或切开排出积血和凝血块，而后装着压迫绷带，或对血肿腔施行棋盘式缝合闭锁。耳部应保持安静，全身应用止血剂。

四、颈部手术

（一）气管切开术

术部造在引起呼吸道障碍的下方，通常是在颈上 1/3 与中 1/3 交界处的正中线上，在马相当于 4～6 气管环；成年牛在颈腹皱褶的一侧切开。

切开皮肤后依次切开浅筋膜、颈皮肌，充分止血后沿两侧胸骨甲状舌骨肌形成的白线切开，不要切偏，显露气管。

在切开气管前应彻底止血。切气管环时，要用止血钳夹住预切除的气管软骨片，以防落入气管内。气管切孔稍大于气导管直径即可，幼龄动物禁忌切得过大。

术后应安静、防磨并防蚊蝇，厩舍应温暖通风、湿润。

（二）食管切开术

其手术路径有二，一是上部切口，即在颈静脉与臂头肌之间切开。上部切口食管浅在，易于分离显露，但污染易波及颈动、静脉，不利于引流。二是下部切口，即在颈静脉与胸头肌之间切开，其利弊与上部切口相反。

分离时需钝性分离与锐性分离并用。最后剪开颈深筋膜，扩创后充分止血，寻找到淡红色、柔软、扁平带状、表面光滑的食管。寻找困难时可经口腔插入胃管，以辅助寻找。需切开食管时，应注意用纱布隔离，并用肠钳固定隔离。

食管憩室时，小者可内翻缝合，大者行部分切除术。

（三）颈动、静脉结扎及切除术

分离时应非常仔细，结扎切除的部位及范围应在病健交界处的健康部位，这是外科切除术的一个原则。

一般行双道贯穿结扎，若为化脓性炎症时，切除前还应在预切除部再结扎一道。或用 2 把止血钳将预切除部两端暂时钳闭，之后切除。

在结扎切除颈动脉时，应先将迷走交感干和返神经分离开，结扎一定要确实。

五、胸部手术

（一）肋骨切除术

在肋骨后缘上方、髂肋肌上缘处，行肋间神经传导麻醉。

沿肋骨中央切开，不要切偏，以免损伤肋间血管和神经，造成出血过多。切开分离骨膜时应小心，尽量不要损伤胸膜而造成气胸。

（二）胸闭锁术

发生气胸后应立即进行密封包扎，应在呼气终末时迅速用纱布按住胸壁创口。

肺源性气胸时，于第 12～15 肋间上部穿刺抽气，然后将针头装上橡胶指套，前端剪成斜口，制成能出气不能进气的活瓣，作为持续排气装置。闭锁缝合时，应注意剪毛消毒。血胸时应穿刺放出血液，如未污染可将其输回。严重的肺源性气胸，可考虑开胸缝合术。

（三）心包切开术

术部在第 5 肋间，上至肩关节水平线，下至肋骨与肋软骨交界处，长约 25cm。

先截除 15cm 长的一段肋骨，止血后于切口正中纵向切开肋骨内骨膜及胸膜，显露心包。心包内积液多时，应先穿刺放液冲洗，并将心包与胸膜壁层做连续缝合，以隔离胸腔。

切开心包后，将其切口边缘缝合于皮下肌肉上，再次隔离胸腔。

手入心包腔内分离粘连、摘除纤维及纤维蛋白块、除去异物，解除对心脏的束缚，彻底冲洗后缝合。

心尖部应装置引流管，引流管应缝合固定在肌肉及皮肤上，以免落入心包腔内。术后加强护理。

六、腹部手术

（一）马剖腹及剖腹探查术

1. 左髂部正中垂直切口 髋结节至最后肋骨水平线中央，自髋肋脚上缘起向下垂直切开 15～20cm，适用于小肠、小结肠及骨盘曲手术等。

2. 右髂部正中垂直切口 定位同左侧，适用于盲肠底的手术。

3. 左侧肋弓下斜切口 在第 9～13 肋骨之间，距肋弓下方 4～6cm，与肋弓平行切开，适用于左侧大结肠手术。

4. 右侧肋弓下斜切口 定位同左侧，适用于胃状膨大部及盲肠体、尖部的手术，切口向后延长些可做剖腹产手术。

5. 腹底壁脐前部切口 剑状软骨后方至脐之间，沿正中线或旁开正中线 1～2cm 切开适当长度。适用于盲肠体、尖部的手术。

6. 腹底壁脐后部切口 在耻骨前方与脐部之间切开，皮肤切口在包皮（乳房）旁侧或旁后侧，而腹横筋膜以内切口可与皮肤切口对应，也可在白线上切开。适用于直肠、小结肠、膀胱、子宫等手术。

腹侧壁切开时，一般是切开腹外斜肌，钝性分离腹内斜肌及腹横肌。必要时也可切断腹内斜肌，但要注意结扎大血管。

提起并剪开腹膜、打开腹腔后，需要助手用大纱布保护切口。

闭合腹腔前，可向腹腔内注入抗生素溶液，但不能向腹腔内撒抗生素粉剂。

一般是连续缝合腹膜，一层或分层间断等分缝合法缝合肌肉层。缝合肌肉时，要连同其筋膜一同缝合。尤其是要带上腹横筋膜，以增强其抗张力。

在开腹后、探查前，先观察腹水的量、性质、颜色、气味和肠管状态等，以示病性。

手入腹腔前，要用温生理盐水浸湿手臂。拇指稍屈于掌内，其余四指并拢，紧贴腹壁伸入腹腔，依次探查并解决病变，关腹前要彻底探查，切忌发现一处病变而忽略其他，清点器械物品后方能关腹。

（二）牛剖腹术

1. 左髂部正中垂直切口 由髋结节向最后肋骨下端连线，在此线中点起向下垂直切开 20～25cm。适用于腹腔左侧探查、瘤胃切开术、网胃探查以及胃的冲洗术等。

2. 左髂部肋后斜切口 腰椎横突下方 8～10cm 起，平行于肋骨，距肋骨 5cm，切开长 20～30cm。适用于体型较大牛的网胃探查及胃的冲洗术、剖腹产等手术。

3. 左髂部前下方垂直切口 距最后肋骨 5cm，自髋肋脚向下切开 15～20cm。用于皱胃左方变位整复术。

4. 右髂部正中垂直切口 定位同左侧，适用于右腹腔的探查，十二指肠第二段手术。

5. 右髂部肋后斜切口 定位较左侧低5cm，适用于空肠、回肠、结肠手术，皱胃右方变位整复术，剖腹产等。

6. 右髂部后方切口 在4～5腰椎横突下方5～8cm，向下垂直切开15～20cm，适用于肠便秘、肠变位等。

7. 右侧肋弓下斜切口 距肋弓5～10cm，自最后肋骨下端起平行肋弓切开20～25cm。适用于皱胃切开术、剖腹产等。

8. 瓣胃切开术切口 右侧肩关节水平线与倒数3～5肋间交界处，于肋间切开。

9. 腹白线及白线旁切口 定位同马，用于网胃切开术、膀胱手术等。

牛的腹壁较马为薄，尤其是当腹压很高时更薄。切开时应特别小心，在左侧要注意腹膜与瘤胃壁浆膜的区别；在右侧要注意腹膜与大网膜的区别。

（三）犬、猫剖腹术

腹侧壁切开时，组织损伤及出血较多，但有利于术后护理，术部不易受到污染。

腹底壁切开时，组织损伤及出血均较少，但术后易污染术部，不便于护理。母犬、猫采取腹底壁切开时，不能切偏，避免损伤乳腺。胃切开术时，取腹底壁左侧肋弓后斜切口。

（四）瘤胃切开术

开腹后在切开瘤胃前，应先隔离腹腔，其方法有三种：一是将隔离巾、胃壁浆膜肌层和腹膜连续缝合在一起。两侧上、下端分别将结打在一起，隔离巾与腹壁切口间填入大纱布。二是用肠线将腹膜与胃壁浆膜肌层缝合在一起，此线缝合时可不拆除。三是将胃壁与腹内、外斜肌或皮肤缝合在一起。第一种方法常用，缝合浆膜肌层时不要穿透全层。

隔离切开瘤胃后，排出少量内容物，放入圆孔洞巾，探查解决病变。

缝合瘤胃壁之前，向其内填塞适量铡短的干草，最好是健康牛的瘤胃内容物，以促进反刍及瘤胃内微生物种群的建立。

（五）胃冲洗术

冲洗瓣胃时，先切开瘤胃，找到网瓣孔，插入胶管，灌水冲洗。冲洗一定要彻底，使用温水总量为500～800kg，应边冲洗、边用手隔着瘤胃按压松动瓣胃内容物。最后冲开瓣皱孔，以免水大量进入肠道。皱胃的冲洗方法同瓣胃冲洗法，最后冲开幽门部。

（六）皱胃变位整复术

皱胃变位分左方变位和右方变位。右方变位又有皱胃单纯扩张后移和扭转两种情况。皱胃扭转又分为顺时针而行的后上方扭转和逆时针而行的前上方扭转（在右侧看）。

左方变位时，皱胃内多为气体，液体量较少，病程较长，术后治愈率较高；右方变位时，皱胃内多为液体，气体较少，病程较短，多伴有皱胃黏膜的溃疡、脱落甚至穿孔。穿孔时则预后不良。

左方变位较轻时，可用保守疗法，即滚转法整复。开腹整复时取左髂部前下方切口，皱胃减压整复固定法。先穿刺将皱胃气体放出。随后，将皱胃引起至腹壁切口外，用一长线两端分别纫针，将附着于皱胃大弯部的大网膜褥式缝合1～2针，不打结。经腹底壁、瘤胃下方将皱胃送回右下腹部，并将固定线在右下腹壁适当位置由腹内向腹外穿出，打结固定，以免复发，完毕关腹。

右方变位时，先将皱胃拉于腹壁切口处，并将其缝合固定在腹壁切口上，隔离腹腔。在预切开处做皱胃浆膜肌层的袋口缝合。于袋口缝合中央切开皱胃壁，切开后迅速插入导胃胶管，并同时收紧袋口缝合线，间断地放出皱胃内容物。放出液体后，必要时可扩大切口，手伸入皱胃内取出所剩余的内容物。缝合皱胃切口，整复，并将大网膜缝合固定在腹壁切口的前下方。也可取右髂部肋后斜切，但位置不能太低，否则由于腹压较大，大网膜移位，肠管脱出而影响操作。

（七）肠管手术

1. 肠便秘疏导术 开腹后手入腹腔，寻找到便秘肠段，按压结粪，或向结粪内注射药液后再按压。按压时要使结粪贴于腹壁，四指并拢，用指腹按压。中小动物可试将结粪段肠管取出，腹外实施按压。

2. 肠侧壁切开术 适用于便秘疏导无效或肠壁有坏死倾向不宜按压时。开腹后取出病变部肠管，用温湿大纱布覆盖肠管与腹腔隔离。用两把肠钳在预切处两端钳闭固定肠管。小肠在最膨隆处，小结肠在纵带上纵行切开，用纱布压迫止血，不可钳夹止血。一次或分次取出结粪。冲洗后全层缝合，除去肠钳，有漏液时补针，冲洗。此时不洁手术阶段结束，重新洗手，更换无菌器械。做肠壁浆膜肌层的内翻缝合，最后清拭、还纳和关腹。

注意区分清洁手术与不洁手术的界限。

3. 肠段切除及断端吻合术 先用4把肠钳固定预切除肠段，双道结扎供应预切除肠段肠系膜血管，剪断后肠系膜呈三角形缺口。剪断肠管，行吻合术。连续缝合肠系膜缺口，还纳、关腹。

断端吻合术依具体情况可采用连续缝合或间断缝合，连续缝合有使肠腔狭窄的危险，尚可行断-侧或侧-侧吻合术。

4. 腹套叠整复术 找到套叠部肠段后，先在腹腔内试行挤压，但不能牵拉。不成功时可将其引到腹外，用温生理盐水纱布裹敷，促进血液循环，消肿后再行整复。仍不成功时，用手指或刀柄等分离内外两层浆膜之间的粘连，或向重叠的两层浆膜间注入甘油后再整复。还不成功，可做肠段的侧切或切除肠段。

整复后为防止复发，可将套叠部内外交界处的外层肠段做1～2针的内翻缩径缝合。

5. 肠扭转整复术 关键是要先穿刺放气、放液，必要时侧切排液，之后方易整复。放液后不但易整复，还可避免自体中毒。肠段若已坏死、无恢复可能时，应当即立断，切除坏死的肠段。

判定肠管活力时，要根据其颜色、蠕动和肠系肠血管的搏动等综合判定。在整复解除血管的绞窄后，用温生理盐水浸泡肠管，待十几分钟后，再行判断。

6. 肠嵌闭整复术 先扩大破裂孔，整复后缝合破裂孔。当小肠通过大网膜孔或破裂孔不能拉出时，可在腹腔内对此破裂孔游离侧的大网膜组织行双道结扎，切断后即可整复。

7. 肠瘘修补术 当瘘孔较小时，可用单纯缝合法缝合。清除瘘口两侧的肠内容物，清洗拭干后，用纱布填塞两侧肠腔，在瘘孔处穿线或用组织钳钳夹固定，之后切开分离，切除赘生组织及瘘道，取出纱布，闭合肠孔，关腹。

有时可不切除肠瘘段肠管，作断-断吻合术。手术可一次完成，也可分两次进行。

七、泌尿生殖器手术

（一）尿道切开术

用于取出尿道结石或进行会阴部尿道造口。术部选在结石阻塞部阴茎腹侧正中线上，尿道造口选在肛门下方会阴部正中线上。牛可在两股内侧、乙状弯曲后方切开。站立者局部浸润麻醉或荐尾硬膜外麻醉，阴茎游离部手术时行阴部神经传导麻醉。

手术时，先将导尿管插入结石部。于结石部阴茎腹侧正中线切开皮肤、皮下组织、阴茎退缩肌、球海绵体肌、白膜、尿道海绵体，最后切开黏膜。整个切口通路由外向内应逐层缩小。止血后用钳子取出结石。见有尿液排出后，迅速向深部插导尿管排尿，以减少术部的污染。排尽尿液后冲洗消毒，缝合时尿道黏膜应用肠线。

（二）膀胱切开术

用于取出膀胱结石或膀胱破裂修补术。取耻骨前白线切口。仰卧或后躯半仰卧保定。术前应尽量用生理盐水冲洗膀胱。

开腹后引出膀胱，并用大纱布与腹腔隔离。于膀胱底血管少处切开，取出结石。若为幼驹膀胱破裂，开腹后在耻骨前缘寻找向前连于脐部的梭形的膀胱，并寻找到破裂口后进行缝合。幼驹的膀胱不像成年动物那样呈梨形而游离。

膀胱黏膜可不缝合，或用可吸收缝线。全层缝合后，其浆膜肌层内翻缝合。

（三）阉割术

因动物的种类、大小、年龄和性别的不同，其阉割的方法也不同。

阉割雄性动物时，其阴囊切口的大小以稍施挤压后睾丸即可显露为度。切口过大，术后易受到污染；切口过小，睾丸显露困难。

切口应选在阴囊的最低位置。体小的动物，取阴囊缝际切口，即经 1 个阴囊切口，取出两侧睾丸；体大的动物，取 2 个阴囊切口，即于阴囊两侧与其平行切开。睾丸大时，切口距阴囊缝际远些；睾丸小时，切口距阴囊缝际近些。

切开阴囊时，睾丸的固定要确实，一刀将阴囊全层切开，直达睾丸。若一刀未切透，动物挣扎，睾丸缩回，反复固定切开，则阴囊各层切口错开，影响术后排液。

若睾丸大、精索细，用手固定困难，可用纱布条于睾丸上部精索处捆绑固定。有的小骡驹，睾丸过小、固定困难时，于阴囊正常位置先切开阴囊，之后在切口内寻找并固定睾丸。

无论是用捻转、结扎或烧烙等哪种方法处理精索，都应以不出血为度。

有阴囊疝可疑时，应采取被睾阉割，兔、骆驼应用被睾阉割法。

如果母猪小挑法未成功，可扩口用手指取出子宫及卵巢，或大挑法，缝合切口时一定要将腹膜缝确实。缝合腹膜前，入手指于腹腔，检查是否将肠管、子宫、膀胱和大网膜等已全部还入腹腔。

阉割母犬、猫时，因其子宫及卵巢系膜均较短，引出时不可强行牵拉。在将其引出的同时，将腹壁切口压向背侧，以辅助引出。

八、尾截断术

应在尾关节处截断。尾根部装上橡胶止血带，截断时先做背、腹 2 个皮瓣，缝合后皮瓣应包住尾骨。为防止术后出血，截除前先将尾动、静脉和内外侧动、静脉分离并结扎。

九、外腹疝修补术

切开时应皱襞切开，以免伤及内腔。小的脐疝，可采用皮内缝合法闭锁疝环。扩开腹股沟内环时，应向前外方扩大切口。缝合时尽量将腹膜闭合，否则术后腹水外漏易发生水肿，而影响愈合。闭合腹股沟环时，可先引线，所有线引毕后迅速打结，以免撕裂。

第三章　治疗方法

第一节　输液疗法

一、脱水与补液

脱水是临床上常见的病理状态，许多疾病伴有脱水。及时和恰当的输液疗法，是救治危症病畜有效的治疗手段。

（一）脱水的临床指征

病史资料和临床检查，可提供水、电解质紊乱的临床指征。

1. 病史　病史资料可提供病畜饮水的情况，水源断绝、饮欲减损等原因引起的饮水减少，可造成机体水的负平衡。饮欲亢进常指示病畜存在失水过多，见于腹泻、多尿、呕吐、流涎、大出汗和胸腹腔有大量渗出液等。体重减轻尤其在短时间内失重，是脱水有价值的指征。

2. 临床症状　脱水的临床体征因脱水程度和类型而有所不同。主要临床表现有精神抑制、饮欲增进、尿量减少、尿液浓缩、口腔和皮肤干燥、皮肤弹力减退、眼球凹陷、静脉塌陷、毛细血管再充盈时间延长、血液黏稠、体重减轻和肌肉无力。重者呈现外周循环衰竭和休克的症状。

3. 脱水程度的临床判定　主要依据皮肤弹性、黏膜干湿度及眼球凹陷等临床体征。检查皮肤弹性的部位，马在颈后或肩部，牛在肋弓后缘或颈部，小动物在背部。检查时，用手将皮肤捏成皱褶，然后放开，观察皮肤恢复原状的快慢。在脱水时因皮肤弹性降低，皱褶恢复原状的时间延长。脱水不足体重5%时，临床检查常不表现出异常，但对伴有呕吐、食欲减退和腹泻等原因引起体液摄入减少或丢失过多的病畜，应视为脱水达到4%～5%。马和牛脱水达体重5%时，皮肤弹力减退，15s内复原；脱水达体重7%时，眼球明显凹陷；脱水达体重10%～12%时，皮肤复原时间超过30s，眼球高度凹陷。犬和猫脱水程度的判定见表3-1。

表3-1　犬、猫脱水程度的判定

脱水量占体重比例（%）	皮肤弹力减退	黏膜湿度下降	眼球凹陷
<5	无	无	无
5～6	轻度	无	无
6～8	中度	轻度	无
8～10	重度	中度	轻度
10～12	重度	重度	重度
12～14		低血容量休克	
>14		死亡	

根据临床体征和病史资料，可推测病畜是否存在电解质紊乱。无尿，可能是高钾血症、水潴留或代谢性酸中毒；心动过缓，可能是钾代谢紊乱的指征。犬呕吐、牛真胃变位，提示可能存在低氯血症、低钾血症或代谢性碱中毒。脱水明显，但黏膜湿润，饮欲不增进，可能与低钠血症有关。心电图异常，也可指示钾代谢紊乱，T 波增高、尖锐，P 波低平，P-R 和 QRS 综合波延长表明存在高钾血症；Q-T 间期延长，T 波双向变小，表明存在低钾血症。

（二）脱水的检测指标

水、电解质紊乱的实验室检验，包括血液常规检查、尿常规检查、血清电解质测定、血浆和尿液渗透压测定、尿液电解质浓度、某些生化指标及中心静脉压测定。

1. 血液常规检查 血细胞比容（Ht）、Hb、RBC 测定，有助于水代谢紊乱的诊断。测定结果主要与血液浓缩和血液稀释有关。一般情况下，没有必要同时测定上述 3 个指标，选其一即可。临床常用 Ht 作为判定水代谢紊乱的指标。但在贫血、红细胞增多症、肾上腺素释放时可影响 Ht 值，如同时测定血浆总蛋白含量，则可排除这些因素。Ht 和血浆总蛋白同时呈现升高或降低，则表明血液浓缩或稀释是起因于水代谢紊乱。仅 Ht 或血浆总蛋白含量异常，并不指示水代谢紊乱（表 3－2）。

表 3－2 脱水程度与检测指标的相关性

脱水量占体重比例（%）	血细胞比容（%）	血浆总蛋白（g/L）	中心静脉压（kPa）
4～6	40～45	70～80	—
6～8	50	80～90	−0.04
8～10	55	90～100	−0.71
10～12	60	120	−1.10

2. 尿液常规检查 体液紊乱可影响尿比重。肾小管机能和抗利尿激素系统正常时，尿比重反映水平衡状态，尿浓缩提示水负平衡，尿稀释提示水潴留。但许多动物尤其猫，在正常状态下可排高比重尿。同时，在肾病或抗利尿激素分泌不足时，把尿比重作为水状态的指征是不正确的，因为尽管患病动物脱水严重，但尿比重却很低。

3. 血清电解质测定 常规检测的电解质主要有钠、钾和氯。

钠主要存在于细胞外液，测定血浆或血清钠可代表体内钠的状态。但血浆钠浓度并不总是准确地指示体内钠的总量，这是因为在疾病过程中，机体可通过调整体液容量来维持等渗状态，此时尽管存在钠丢失或过多，但血浆钠浓度正常。

钾主要存在于细胞内液，测定血清或血浆钾不能直接反映细胞内液钾的浓度或全身钾的状态。例如，腹泻时通常存在钾不足，但因同时存在的代谢性酸中毒可使钾向细胞外液转移，以致细胞外液钾浓度正常甚至升高。患有腹泻的新生犊牛尽管存在钾不足，但其呈现高钾血症。在急性腹泻病马，同样也存在钾不足，但血清或血浆钾浓度往往正常。不管细胞内钾浓度或全身钾的状态如何，一旦发现细胞外液钾浓度异常升高，应及时采取措施，缓解高钾血症对机体的危害。缺钾而细胞外液钾浓度正常这种假象，可导致兽医对纠正严重缺钾重视不够。因此，对血浆或血清钾浓度测定结果的评价，应与酸碱平衡和临床资料综合加以分析。

血浆或血清氯的浓度，通常反映钠和碳酸氢盐浓度的改变，与钠浓度正相关，与碳酸氢盐负相关。在低氯血症时不伴有相应的低钠血症，表明机体盐酸（胃酸）丧失而不是氯化钠丧失。

4. 血浆、尿液渗透压测定 溶液渗透压的大小，主要取决于溶液中不能通过半透膜的溶质粒子数目的多少，而与粒子的大小和种类无关。表示溶液渗透压大小，通常采用毫渗透克分子浓度，简称毫渗量（mOsm/L）。血浆和尿液渗透压测定通常采用渗透压计，运用冰点降低或蒸汽压提高的原理。根据血浆或血清主要溶质浓度，也可推算出渗透压。计算公式如下：

$$mOsm/L = 1.86 \times Na^{+} mmol/L + 葡萄糖\ mmol/L + 尿素\ mmol/L$$

由于 Na^{+} 浓度占血浆中具有渗透活性溶质的95%，单独根据 Na^{+} 浓度，可推算渗透压。计算公式如下：

$$mOsm/L = 2.1 \times Na^{+} mmol/L$$

细胞外液由细胞间液和血浆构成，其容量约占体重的30%；而细胞内液容量约占体重的50%。体液在这3个分区的分布，有赖于渗透压的平衡。血清渗透压可指示细胞外液渗透总浓度，但不能反映各种溶质的浓度或种类。低渗状态将引起水由细胞外液向细胞内液转移，进而造成脑水肿、血管内溶血。血清低渗通常存在低钠血症，但低钠并不一定低渗。例如，在高糖血症通常伴有低钠血症，但血清渗透压往往正常。高渗状态可导致水由细胞内液向细胞外液转移，常见于高钠血症或高糖血症。乳酸、酮酸等未测定阴离子浓度增加，也可引起血清渗透压升高。不同动物血浆电解质和渗透压参考值见表3-3。犬血清或血浆渗透压超过380mOsm/L或390mOsm/L时，可导致动物死亡。

表3-3 动物血浆电解质和渗透压参考值

项目	牛	马	犬	猫
钠（mmol/L）	132～152	132～146	140～155	147～156
钾（mmol/L）	3.9～5.8	2.6～5.0	3.7～5.8	4.0～5.3
氯（mmol/L）	97～111	99～109	105～120	115～123
渗透压（mOsm/L）	270～300	270～300	280～305	280～305

尿液渗透压因尿液浓缩程度的不同，其变动范围很大，可达50～2 000mOsm/L。肾脏对尿液的浓缩，是通过水跨渗透梯度的移动实现的。为此，尿液渗透克分子浓度是对这种机能最为直接的指示。

5. 尿液电解质浓度 测定尿中钠、钾和氯浓度，对水和电解质紊乱的判定价值有限。除了采集尿样等方面的原因外，对随机采取的尿样进行检测，只能反映样品采集时电解质的浓度，有可能对患病动物电解质平衡或肾脏调控电解质机能的评价，提供错误的测定结果。要避免这类错误，最好是收集24h的尿液，以便确定每天电解质总的排出量。液体疗法或应用利尿剂，都可显著改变尿液电解质浓度，也可影响检测结果。

6. 某些生化指标 血液尿素氮测定，对判定液体平衡紊乱是有价值的。排除肾病和肾后性疾病，血液尿素氮升高是肾前性氮质血症的指征，通常见于脱水或休克。在急性肠综合征病马，重度氮质血症可作为判定严重脱水的指标。

7. 中心静脉压（CVP）测定 中心静脉压的高低，主要由血容量的多少、心脏功能的好坏及血管张力的大小来决定。当心血管功能正常时，中心静脉压就随血容量的变化而升降。如果中心静脉压降低，血压也降低，则表示血容量不足。

（三）水、电解质紊乱的临床病理学改变

1. 脱水 脱水包括水与电解质的共同丢失，按细胞外液的渗透压不同分为3种类型。

（1）高渗性脱水 即失水大于失钠。血浆Na^+浓度>150mmol/L，渗透压>310mOsm/L，Ht、血浆总蛋白和尿素氮及尿比重升高，中心静脉压下降，还表现口渴、少尿等症状。高渗性脱水主要见于饮食欲废绝、咽下障碍性疾病及水源断绝等原因引起的饮水不足和慢性肾病、尿崩症、使用利尿剂和大出汗等原因引起的失水过多。

（2）低渗性脱水 即失钠大于失水。患病动物血浆Na^+浓度<130mmol/L，渗透压<280mOsm/L，血液浓缩，不感口渴，尿量较多，尿比重降低，临床上呈现外周循环衰竭的体征。常见原因有腹泻、呕吐丧失大量消化液而只补充水；大出汗后只补充水而钠经肾丧失过多等。

（3）等渗性脱水 即水、钠同时按比例丢失。血浆渗透压和Na^+浓度维持正常范围，CVP降低，口渴，尿量减少。常见于腹泻、呕吐、大出汗和大面积烧伤等。

2. 水中毒 大量饮水或输入水分过多等原因引起的低渗性体液在细胞内外蓄积过多，并因此而产生一系列临床症状，称为水中毒。患病动物血浆Na^+、Cl^-、渗透压、Ht、总蛋白浓度降低，CVP升高，并呈现肺水肿、脑水肿及血红蛋白血症和血红蛋白尿症的症状。水中毒常见于抗利尿激素分泌过多、肾上腺皮质机能低下、肾脏泌尿功能障碍及低渗性脱水后期等。

3. 低钠血症 即血浆Na^+浓度<130mmol/L，水中毒或低渗性脱水时可发生低钠血症，还见于持续性高糖血症或高脂血症，又称假性低钠血症。低钠血症病畜表现为精神抑制，虚弱无力，呕吐，血压降低及休克症状。急性低钠血症可伴发脑水肿。

4. 高钠血症 即血浆Na^+浓度>150mmol/L，见于失水过多和/或获盐过多，如高渗性脱水、食盐中毒等。患病动物表现为厌食、多饮、虚弱，以及精神抑制、惊厥、昏睡或昏迷等神经症状。

5. 低钾血症 即血浆K^+浓度低于正常范围，主要见于长期采食低钾饲料、慢性饥饿或食欲废绝等原因引起的钾摄入不足；呕吐、腹泻、机械性肠阻塞等原因引起的消化道失钾过多；肾上腺皮质机能亢进、慢性肾炎及长期使用钾利尿剂导致肾排钾过多；大量输入葡萄糖或使用胰岛素及代谢性碱中毒时，血钾转入细胞内等。高脂血症也可引发低钾血症。血浆K^+浓度低于3mmol/L时，即可引起临床异常，主要表现为嗜睡、厌食、呕吐、肌肉无力、肠弛缓、心律失常和尿比重下降等症状。

6. 高钾血症 即血浆K^+浓度高于正常范围，主要见于急性或慢性肾功能衰竭、肾上腺皮质机能低下使肾排钾减少；输入钾过多或过快；大面积烧伤、溶血、代谢性酸中毒钾从细胞内移至细胞外液。临床主要表现为厌食、呕吐、虚弱无力、嗜睡、心律缓慢及心电图异常。

7. 低氯血症 常见于胃液丢失过多，如犬、猫的胃源性呕吐及反刍兽真胃变位，还可见于低钠血症或代谢性碱中毒期间。

8. 高氯血症　可伴发于代谢性酸中毒或高钠血症。

(四) 液体疗法的选择

选择适当的液体疗法，是救治脱水病畜的关键。构成液体疗法的要素主要有输液途径、输液量、输液速度、输液时机及液体种类等。液体疗法的选择，主要是依据脱水的种类和程度及电解质紊乱的状态。

1. 输液途径　危重病例的输液途径以静脉为宜，皮下、腹腔内及口服补液不适用。一旦血容量和外周循环得以恢复，可皮下注射等渗溶液或口服补液。在外周血管塌陷时，可切开静脉安放导管输液。

骨内液体疗法比切开静脉输液更为可取，特别是小型和中型犬。危重病例采用骨内液体疗法有多种优点。骨髓与体循环直接相连，在休克或低血容量时骨髓腔并未塌陷。几乎能通过静脉注射的药物都可经骨髓进入体循环，如肾上腺素、阿托品、葡萄糖酸钙、碳酸氢钠、抗生素、皮质类固醇及其他药物。注射部位胫骨近端内侧、距胫骨髁（隆）1～2cm，或股转子窝，该部位容易固定针管。局部剪毛消毒，皮肤切一小口，将皮下注射针（18～20 号）、脊髓穿刺针（带针芯）或带芯的导管插入骨髓腔。可用骨髓活检针造洞，以便插入导管。

2. 输液速度　最佳输液速度取决于动物的状态和体液分室缺失的状态。低血容量时，静脉液体疗法可直接将液体输入缺血的血管，而无须重新分布，因此，液体可快速输注。脱水时，液体从血管间隙移向细胞内间隙和间质间隙需要一定的时间，液体应缓慢注射。一般来说，低血容量性休克液体疗法的原则是，在 1h 内输注 1 个血容量的等渗电解质溶液；但在心血管系统机能异常、肺水肿、头部创伤或毛细血管完整性降低时，应缓慢注射。脱水的体液疗法需要 24h，以便液体在细胞内间隙和细胞外间隙分布平衡。

对既有低血容量又有脱水的病畜，可按脱水病畜行液体疗法。最好是在头 1～2h 快速输注 1 个血容量的 1/4～1/2，剩余液体用 22～23h 注射完。这种方法既可迅速恢复血容量，又可避免容量过负荷（犬血容量占其体重的 8%～9%，即每千克体重 80～90mL，其中一半是血浆，占体重的 4.5%）。

3. 液体的选择

（1）胶体类

①血浆、血浆胶体扩张剂：主要用于低血容量性休克，特别是在严重的低蛋白血症（血浆白蛋白＜1.5g/L）时。每输注 1g 血浆，可使血管内保持 18mL 水。低蛋白血症见于肾淀粉样变、肾小球肾炎、蛋白丢失性肠病、腹膜炎、胸膜炎、肝坏死和严重烧伤。

②羟乙基淀粉：一种新合成的胶体血浆扩充剂，成功用于人低血容量休克的救治。其作用持续时间超过右旋糖酐。可能的副作用是变态反应和消耗性凝血病。以每千克体重 20mL 的低剂量，并未见有明显的消耗性凝血病。该药可引起血清淀粉酶升高，但并不意味胰腺异常。其用量为 10～20mL/(kg · d)，混于生理盐水中，配成 6%的溶液，静脉缓慢注射。

（2）晶体类　重要的是在低血容量和脱水时应使用等渗溶液。高渗溶液虽可扩张血管间隙，但其可增加血浆渗透压，并从细胞外间隙和细胞内间隙吸引（夺取）水，进一步导致组织脱水。其中，以林格氏液最为常用，可用于扩充血容量、补充丢失液体，以及除心源性休克以外各种休克的输液。

①生理盐水：一种可接受的输液液体，但其在大多数情况下并不理想。因其不含K^+、碳酸氢钠。

②林格氏液：液体补充必须是等渗的，5%葡萄糖或含0.45%盐水的5%葡萄糖或含2.5%葡萄糖的林格氏液是等渗的，但其不能作为补液液体。因为葡萄糖代谢后，液体变成低渗，全部或一半是自由水。水可迅速离开血管间隙，而失去扩充血容量的目的。林格氏液、5%葡萄糖及两者等量混合液静脉注射后30min，其在血管内存留率分别为30%、10%和20%。

维持液体的补充，可用等渗平衡电解质溶液或在输液液体中加钾和/或糖，也可用输液液体与5%的葡萄糖等量混合。维持液体钾的含量为20mmol/L，可在溶液中加氯化钾液（2～3mmol/mL），给钾量不应超过0.5～1mmol/(kg・h)。

在犬出血性休克，应用7.5%高渗氯化钠液（4～6mL/kg）可使血容量增加5%，使平均动脉压下降40～50mmHg*。其主要作用是增加心肌收缩力，增加心排血量，降低外周血管阻力，扩张前毛细血管。还可降低脑水肿的可能性，特别是在头部创伤性的病例。可避免脑水肿和脑内压升高，恢复血脑屏障机能。

4. 输液量的计算

（1）补液量计算＝体重(kg)×脱水量(%)×1 000

维持需要量为55～65mL/(kg・d)。

（2）Na^+ mmol/24h＝(正常钠－病犬钠)×0.2×体重(kg)

注：0.2为细胞外液占体重的20%。

（3）$水亏欠(L)=0.6\times 体重(kg)\times \frac{Na（病畜）}{Na（健康）}-1$

（4）维持液体中钾的补充（表3-4）。

表3-4　病犬血清钾及维持液体中钾浓度

病犬血清钾（mmol/L）	维持液体中钾浓度（mmol/L）
3.5～3.5	20
3.0～3.4	30
2.5～2.9	40
2.0～2.4	60
＞2.0	80
输注速度不超过0.5～1.0mmol/(L・h)	

二、酸碱平衡紊乱及其纠正

酸碱平衡紊乱即酸碱失衡，为多种病因所致的一种兽医临床常见的病理状态，也是许多疾病的伴发病症。酸碱平衡的评价，可为某些疾病的诊断、危重病畜病情监控、预后判定及液体疗法提供有价值的资料。

* 1mmHg＝0.133kPa

（一）评价酸碱平衡的指标

血液酸碱平衡受呼吸和代谢两方面因素的影响。因此，为了正确评价酸碱平衡状况，最好同时测定 pH 以及反映呼吸和代谢因素的各项指标。反映呼吸因素的指标，主要是二氧化碳分压；反映代谢因素的指标，包括实际碳酸氢盐、标准碳酸氢盐、缓冲碱、剩余碱或碱缺乏、二氧化碳总量和二氧化碳结合力。多采用血气分析仪测定。

（二）碱平衡紊乱的诊断

临床上要对患病动物酸碱状态做出正确的判断，除主要依据酸碱分析结果外，还必须结合病史、临床体征、电解质和阴离子间隙（AG）检测数据，并检索有关酸碱平衡诊断图表，进行综合分析。

1. 分析酸碱检测结果 首先要抓住主要和具有代表性的指标。其中，pH 可作为评价血液酸碱度的指标，Pco_2 可作为判定呼吸性酸碱失衡的指标，碱剩余（BE）或实际碳酸氢盐（AB）可作为判定代谢性酸碱失衡的指标。然后，依据这 3 项指标的改变，按下述程序进行分析评价。

（1）有无酸碱失衡 判定有无酸碱失衡，首先看 pH 是否有改变，如果 pH 超出正常范围，即提示确实存在酸碱失衡，$pH<7.35$ 为酸血症、$pH>7.45$ 为碱血症。但是，pH 正常也不能排除酸碱失衡，因为在代偿性酸、碱中毒和混合性酸、碱中毒时，pH 可在正常范围之内。此时，应依据呼吸性和/或代谢性指标的改变加以判定。

（2）是呼吸性还是代谢性酸碱失衡 判断酸碱失衡的类型，主要依据代表呼吸因素的指标，即 Pco_2 和代表代谢因素的指标，即 BE 或 AB。如 $Pco_2>5.3kPa$ 为呼吸性酸中毒、$Pco_2<5.3kPa$ 为呼吸性碱中毒；如 $HCO_3^-<24mmol/L$ 为代谢性酸中毒、$HCO_3^->24mmol/L$ 为代谢性碱中毒。

（3）是原发性还是继发性酸碱失衡 由于在呼吸性酸碱失衡时肾脏的代偿作用，BE 或 AB 等反映代谢因素的指标也会发生改变；而在代谢性酸碱失衡时，由于肺脏的代谢作用，Pco_2 等反映呼吸因素的指标也可发生改变。这就要求应正确区分哪些指标是原发性改变，哪些是继发性改变。一般而言，单纯性酸碱失衡的 pH 是由于原发性酸碱失衡决定的，pH 改变的方向与原发性紊乱一致，原发性紊乱的改变大于代偿性改变。

（4）是代偿性还是失偿性酸碱紊乱 代偿是机体在酸碱失衡时继发性的生理过程，主要靠肺和肾来完成。HCO_3^- 和 Pco_2 中任何一个变量的原发性变化，均可引起另一指标的同向性代偿变化。代偿作用的发挥需要一定的时间，了解代偿时间的长短，将有助于判定酸碱失衡是急性还是慢性的，是单纯性还是混合性的，是部分代偿还是完全代偿。一般而言，代谢性酸中毒的呼吸代偿可即刻发生，1d 就可达最大限度；代谢性碱中毒要经 1d 才发挥作用，3～5d 达最大限度，代偿作用不如代谢性酸中毒完全；呼吸性酸中毒的代谢性代偿要在 1d 后才能开始，5～7d 达最大限度；呼吸性碱中毒的代谢性代偿 6～18h 开始，3d 可达最大限度。那么，如何判断患病动物的酸碱失衡是否发挥了最大代偿？可参考酸碱失衡代偿指标的预计变动范围（表 3－5）。其使用方法是，根据实测的 BE 或 Pco_2 值，在表 3－5 中查出相应的呼吸或代谢代偿的预计范围，如实测 Pco_2 或 BE 值正好落入该范围内，即提示肺或肾已达最大代偿。在代谢性酸中毒或呼吸性碱中毒，如实测 Pco_2 或 BE 值低于代偿预计范围的下限，表明存在过度代偿，或合并呼吸性碱中毒或代谢性酸中毒；如实测 BE 或 Pco_2 值大于代偿预测范围的上限，表明尚未达到最大代偿，或是合并呼吸性酸中毒或代谢性碱中毒。在代谢性碱中毒或呼吸性酸中毒则相反。

表 3-5 酸碱平衡紊乱代偿指标的预计变动范围

类型	呼吸性代偿的预计范围				失代偿值		
	BE (mmol/L)	HCO_3^- (mmol/L)	P_{CO_2} (kPa)	pH	HCO_3^- (mmol/L)	P_{CO_2} (kPa)	pH
代谢性酸中毒	−10	14～15	3.60～4.80	7.26～7.35	15.5	5.33	7.22
	−15	9.5～10.5	2.67～3.87	7.21～7.31	12	5.33	7.10
	−20	6～7	1.73～3.07	7.13～7.28	8.5	5.33	6.97
	−25	3～5	1.20～1.87	7.04～7.15	5.5	5.33	6.78
代谢性碱中毒	+10	33～34	5.20～6.80	7.44～7.54	33	5.33	7.53
	+15	38～39	5.47～7.46	7.46～7.58	37.5	5.33	7.58
	+20	43～45	5.73～8.40	7.47～7.61	42.5	5.33	7.63
	+25	44～50	6.40～8.80	7.49～7.65	48	5.33	7.68
呼吸性酸中毒	+5～+12	30～37	8.00	7.32～7.41	26	0	7.26
	+9～+19	35～44	10.66	7.27～7.36	27	0	7.16
	+13～+23	40～49	13.33	7.22～7.31	28	0	7.08
呼吸性碱中毒	−2.5～−7	18～21	4	7.38～7.46	23	0	7.5
	−8.5～−13	11.5～14.5	2.67	7.38～7.48	21.5	0	7.64
	−10.5～−16	8.5～11.0	2	7.38～7.48	20.5	0	7.74
代谢性酸中毒	−10	14～15	3.60～4.80	7.26～7.35	15.5	5.33	7.22
	−15	9.5～10.5	2.67～3.87	7.21～7.31	12	5.33	7.10
	−20	6～7	1.73～3.07	7.13～7.28	8.5	5.33	6.97
	−25	3～5	1.20～1.87	7.04～7.15	5.5	5.33	6.78
代谢性碱中毒	+10	33～34	5.20～6.80	7.44～7.54	33	5.33	7.53
	+15	38～39	5.47～7.46	7.46～7.58	37.5	5.33	7.58
	+20	43～45	5.73～8.40	7.47～7.61	42.5	5.33	7.63
	+25	44～50	6.40～8.80	7.49～7.65	48	5.33	7.68
呼吸性酸中毒	+5～+12	30～37	8.00	7.32～7.41	26	0	7.26
	+9～+19	35～44	10.66	7.27～7.36	27	0	7.16
	+13～+23	40～49	13.33	7.22～7.31	28	0	7.08
呼吸性碱中毒	−7～−2.5	18～21	4.00	7.38～7.46	23	0	7.50
	−13～−8.5	11.5～14.5	2.67	7.38～7.48	21.5	0	7.64
	−16～−10.5	8.5～11.0	2.00	7.38～7.48	20.5	0	7.74

机体对酸碱平衡紊乱的代偿作用是有限度的，并不是任何代偿均可使 pH 恢复正常。因此，按代偿指标及 pH 是否恢复正常，将酸碱失衡分为失偿性、部分代偿性及完全代偿性 3 种。血液 pH 在正常范围内，代偿指标的改变与原发性失衡的改变同向，称为完全代偿性酸碱失衡；代偿指标虽有相应的改变，但 pH 偏离正常范围的，称为部分代偿性酸碱

失衡；pH 明显偏离正常范围，代偿指标未发生改变的，则称为失偿性酸碱失衡。在通常情况下，急性酸碱失衡多为失偿性，慢性酸碱失衡多为部分代偿或完全代偿性。

（5）是单纯性还是混合性酸碱失衡　Pco_2 和 HCO_3^- 呈相反变化，必然存在混合性酸碱失衡，即 Pco_2 升高同时伴有 HCO_3^- 下降，肯定存在呼吸性酸中毒合并代谢性酸中毒；反之亦然。Pco_2 和 HCO_3^- 明显异常，但 pH 正常，应考虑有混合性酸碱失衡的可能，须进一步确诊。无论是代谢性还是呼吸性酸、碱中毒，凡其代偿指标（Pco_2 或 BE）在代偿预计范围之上或之下的，在排除由于时间短尚未达到最大代偿之后，可诊断为混合性酸碱失衡。

2. 结合病史和临床体征　病史和现症不仅可以提供有关酸碱失衡的初步印象，而且还能为酸碱分析的实验室诊断提供必不可少的临床依据。在了解病史和现症的基础上，对患病动物可能存在的酸碱失衡做出推断，是酸中毒还是碱中毒，是代谢性的还是呼吸性的；根据病情和病程估计酸碱失衡的持续时间，是急性还是慢性的；根据肺和肾功能判断代偿机能是否正常。一般而言，患呼吸系统疾病或中枢神经系统疾病的，可能有呼吸性酸碱失衡；患有循环、胃肠和肾脏等机能异常的，可能存在代谢性酸碱失衡。

3. 参照电解质和 AG　低钾或低氯血症指示可能存在代谢性碱中毒，高血钾或高血氯提示可能存在代谢性酸中毒。AG 升高指示存在代谢性酸中毒，且为获酸性酸中毒；AG 降低指示存在代谢性酸中毒，且为失碱性酸中毒。

4. 查对有关酸碱失衡诊断图表　根据酸碱分析结果查对酸碱平衡紊乱代偿指标的预计变动范围表，既有益于做出诊断，又便于对代偿状态做出判断。

（三）碱平衡紊乱的类型

酸碱平衡紊乱的基本临床类型有代谢性酸中毒、代谢性碱中毒、呼吸性酸中毒和呼吸性碱中毒 4 种。有时可能存在 2 种或 2 种以上的单纯型酸、碱中毒混合在一起，即混合型酸碱中毒。

1. 代谢性酸中毒　基于 HCO_3^- 减少的酸碱平衡紊乱。临床上以呼吸深快、血浆 HCO_3^- 减少、BE 小于零以及 pH 降低为特征。代谢性酸中毒是兽医临床上最为常见的酸碱失衡。凡能引起体内固定酸积聚或碱性物质耗损的疾病，均可产生代谢性酸中毒。常见的原因有：腹泻、呕吐、肠变性和肠便秘等疾病造成消化液大量丧失，碳酸氢盐大量丢失；牛酮病、羊妊娠毒血症、犬和猫糖尿病等酮酸产生过多；马麻痹性肌红蛋白尿病、休克和缺氧等疾病乳酸产生过多；肾功能衰竭所致的酸性代谢产物排泄障碍，投服或注射酸性药物过多均可造成固定酸（非挥发性酸）蓄积。代谢性酸中毒的临床病理学改变见表 3－6。

表 3－6　代谢性酸中毒的临床病理学改变

类型	Pco_2（kPa）	H_2CO_3（mmol/L）	HCO_3^-（mmol/L）	HCO_3^-/H_2CO_3	pH
正常	5.32	0.6	24	40∶1	7.4
失偿性	5.32	0.6	15	25∶1	7.2
部分代偿性	4.00	0.5	15	31∶1	7.3

2. 代谢性碱中毒　基于血浆 HCO_3^- 升高的酸碱平衡紊乱。其临床特征是呼吸浅慢，血浆 HCO_3^-、BE 和 pH 均升高。凡引起体液氢离子丢失或碳酸氢盐浓度增加的疾病，均

可引起代谢性碱中毒。临床常见原因有：犬和猫呕吐、反刍兽真胃变位、真胃扭转、幽门狭窄等皱胃疾病，牛小肠阻塞、结肠扭转等疾病均可引起 H^+ 丢失过多；投服或注射碱性药物过多、低钾血症和低氯血症等疾病均可引起 HCO_3^- 含量增加。缺钾时，由于远曲小管 Na^+ 与 H^+ 交换增加，有大量 HCO_3^- 回收；另外，由于缺 K^+，H^+ 进入细胞内。两者协同作用，可使细胞外液发生碱中毒。缺 Cl^- 时，由于 Cl^- 与 HCO_3^- 为阴离子，Cl^- 丢失后 HCO_3^- 相应增加，从而引起低氯性代谢性碱中毒。代谢性碱中毒临床病理学改变见表 3-7。

表 3-7　代谢性碱中毒的临床病理学改变

类型	P_{CO_2}（kPa）	H_2CO_3（mmol/L）	HCO_3^-（mmol/L）	HCO_3^-/H_2CO_3	pH
正常	5.32	0.6	24	40∶1	7.4
失偿性	5.32	0.6	38	63.3∶1	7.6
部分代偿性	6.65	0.75	38	50.7∶1	7.5

3. 呼吸性酸中毒　基于肺排出 CO_2 障碍的酸碱平衡紊乱。其临床特征是呼吸困难，血液 P_{CO_2} 升高和 pH 下降。临床常见原因有急性气管和支气管阻塞、泛发性肺脏疾病、阻碍肺正常换气功能的胸腔疾病、累及中枢神经系统的病变和药物作用。使用挥发性麻醉药和封闭式装置的麻醉，常可引起呼吸性酸中毒。据报道，即便顺产新生畜，出生后也存在轻度呼吸性酸中毒，只是很快得以代偿。呼吸性酸中毒的临床病理学改变见表 3-8。

表 3-8　呼吸性酸中毒的临床病理学改变

类型	P_{CO_2}（kPa）	H_2CO_3（mmol/L）	HCO_3^-（mmol/L）	HCO_3^-/H_2CO_3	pH
正常	5.32	0.6	24	40∶1	7.4
失偿性	11.97	1.35	24	17.8∶1	7.2
部分代偿性	11.97	1.35	38	28.1∶1	7.3

4. 呼吸性碱中毒　基于肺换气过度，CO_2 排出过多的酸碱平衡紊乱。其临床特征是，P_{CO_2} 降低，pH 升高。呼吸性碱中毒在临床上少见。其常见原因有各种疼痛性疾病及处于精神紧张状态下的动物，因呼吸增强导致肺换气过度，使 CO_2 排出过多。犬中暑及耐力训练的牛，也可发生不同程度的呼吸性碱中毒。呼吸性碱中毒的临床病理学改变见表 3-9。

表 3-9　呼吸性碱中毒的临床病理学改变

类型	P_{CO_2}（kPa）	H_2CO_3（mmol/L）	HCO_3^-（mmol/L）	HCO_3^-/H_2CO_3	pH
正常	5.32	0.6	24	40∶1	7.4
失偿性	2.66	0.3	24	80∶1	7.6
部分代偿性	2.66	0.3	20	66.7∶1	7.5

5. 混合型酸碱平衡紊乱　除上述 4 种类型酸碱失衡外，临床上有可能出现混合型酸碱失衡，即同时存在 2 种以上的原发性酸碱紊乱，其中之一可能是主要的。2 种紊乱对

pH 的影响效应相反时，pH 改变取决于主要的紊乱；2 种紊乱对 pH 的影响效应相互抵消的，pH 可正常。表 3－10 列举的是混合型酸碱平衡紊乱的临床病理学改变和病因。

表 3－10 混合型酸碱平衡紊乱的临床病理学改变和病因

类型	pH	P_{CO_2}	HCO_3^-	BE	病 因
代酸＋呼酸	↓	↑	↓	－	麻醉时间过长；循环性或机能性左右心分流；新生畜
代碱＋呼碱	↑	↓	↑	＋	肺换气过度＋呕吐；医源性因素
呼酸＋代碱	N↑↓	↑	↑	＋	肺换气不足＋呕吐
呼碱＋代酸	N↑↓	↓	↓	－	肺换气过度＋肾脏疾患或腹泻
代碱＋代酸	N↑↓	N↑↓	N↑↓	N＋－	呕吐＋肾脏疾患或腹泻

注：N 表示正常；↑表示增加；↓表示少；－表示负值；＋表示正值。

混合型酸碱平衡紊乱的基本组合如下：

（1）原发性呼酸＋原发性代酸　见于麻醉时间过长、新生畜、肺炎伴有食欲减退。其酸碱分析特点是，P_{CO_2} 升高，HCO_3^- 和 pH 下降。

（2）原发性呼碱＋原发性代碱　可发生于同时存在肺换气过度和呕吐的动物，也可见于输碱过多、矫枉过正或无酸纠酸等。耐力训练的牛可不同程度地存在呼碱＋代碱。其酸碱分析特点是，P_{CO_2} 下降，HCO_3^- 和 pH 升高。

（3）原发性呼酸＋原发性代碱　见于呕吐兼肺换气不足、麻醉和肾炎-肺炎综合征等。酸碱分析的改变取决于两种紊乱的相对严重性。

（4）原发性呼碱＋原发性代酸　见于肺换气过度并伴有胃肠疾病或腹泻的动物。其酸碱分析特点是，P_{CO_2} 和 HCO_3^- 下降，pH 正常、升高或下降。

（5）原发性代酸＋原发性代碱　见于伴有呕吐的肾性尿毒症病犬。酸碱分析的改变取决于两种紊乱的相对严重性。

（四）酸碱平衡紊乱的纠正

1. 代谢性酸中毒　治疗原则是治疗原发病；纠正水、电解质失衡；补碱抗酸。

轻症病例经病因处理后多不需要碱性药物治疗，可自行纠正。对于体内调节机能不足以恢复酸碱平衡的病畜，必须静脉输入碱性溶液。

（1）补碱量的确定　病畜需要补充的碱量可用下述任一公式计算：

①所需碱液的 mmol/L＝BE×30％×体重（kg）

②所需碱液的 mmol/L＝（24－病畜 HCO_3^-）×60％×体重（kg）

③所需碱液的 mmol/L＝$\frac{50-CO_2CP\ (mL\%)}{2.24}$×60％×体重（kg）

CO_2CP 为二氧化碳结合率。

有人认为，公式①中按细胞外液占体重的 30％计算补碱量不能满足纠正代谢性酸中毒的总体需要量，而主张按体液占体重的 60％计算。

（2）补碱速度　快速输入计算碱量的 1/2，然后根据临床表现及酸碱平衡指标决定另外 1/2 输入量的增减及速度。对较重的酸中毒只允许在几小时内提高 HCO_3^- 4～6mmol/L，以防治疗后呼吸性碱中毒的发生。

（3）碱性药物的选择　碳酸氢钠作用迅速，疗效确实，为纠正酸中毒的首选药物。乳酸钠，对纠正除乳酸酸中毒以外的代谢性酸中毒也有效。三羟甲基氨基甲烷（THAM）也可用来治疗酸中毒，但其效果不及碳酸氢钠，且有副作用。

2. 代谢性碱中毒 治疗原则是除去病因，治疗原发病；补酸抗碱，纠正碱中毒。

对于轻症病例只要积极治疗原发病，消除引起碱中毒的致病因素，无须补酸抗碱，碱中毒即自行纠正。对低氯性碱中毒，静脉注射等渗盐水或5%的葡萄糖盐水也可奏效，因为盐水中 Cl^- 的含量较血清高1/3。

重症病例可给予一定量的酸性药物，如0.9%的 NH_4Cl、0.1mmol/L盐酸葡萄糖液。补酸量通常按 CO_2CP、BE或 Cl^- 与正常的差值计算。计算方法如下：

补酸mmol/L＝(病畜 CO_2CP mmol/L－正常 CO_2CP mmol/L)×0.3×体重(kg)

对低钾性碱中毒，还应补充适量钾盐。

3. 呼吸性酸中毒 治疗原则是治疗原发病，缓解气道阻塞；补碱抗酸，纠正酸中毒。

（1）治疗原发病，缓解气道阻塞 应针对其病因进行有的放矢的治疗。如呼吸道阻塞应用支气管扩张药；呼吸中枢抑制应使用兴奋呼吸中枢的药物。

（2）补碱抗酸，纠正酸中毒 对重症病例可用碱性药物拮抗酸中毒。一般认为，碳酸氢钠在体内靠释放 CO_2 来升高pH，故注射后会使 P_{CO_2} 明显升高，甚至引起脑水肿。THAM理论上有效，实际效果尚有争议。

（3）氧疗法 对伴有低氧血症的呼吸性酸中毒，实施给氧要低流量低浓度。

4. 呼吸性碱中毒 轻症病例，针对其呼吸过度的原因进行治疗，即减少 CO_2 的排出。在人医临床上，对重症呼吸性碱中毒病人采用吸入含5% CO_2 的混合气体，或用一纸袋盖在鼻口部，使患者重新吸入呼出的气体。

第二节 输 血

输血是一种替代疗法。在兽医临床上许多疾病都需要输血，而且家畜的输血有许多比人有利的条件，如血源方便、安全性高等，所以，输血疗法应用较为广泛。近年来，输血技术已从全血输血发展到血液中各种不同成分的输血，这样可以有针对性缺什么补什么，而且能减少或避免过剩成分所引起的不良反应。

【适应证】

1. 大失血 家畜全身血量占体重的6%～10%，如果急性失血达全血量的1/5，就能发生失血性休克；如果失血量达全血量的1/3，则有生命危险。这时最有效的救治方法就是输入全血。

亚硝酸盐、氢氰酸、一氧化碳等中毒时，可输入全血，最好是输入红细胞。

2. 贫血 如溶血性贫血、造血障碍性贫血和中毒性溶血等，输血的疗效甚好，可输全血或输入红细胞。新生骡驹溶血病，如仅输入红细胞则疗效更佳。

血小板减少症、血液凝固障碍性疾病，可输入贮存不超过1d的新鲜全血或富含血小板的血浆。

3. 内脏出血性疾病 如出血性肠炎，输血疗法有很好的疗效。

烧伤、严重创伤和急性持续性腹泻等引起的大量体液丧失，可输入全血或血浆。

【输血与血型】 血型的概念，在20世纪上半叶，只限于红细胞表面抗原的差异。现在较广义的血型概念，不仅包括红细胞、白细胞、血小板以及组织的抗原差异，而且也包括血红蛋白、白蛋白、球蛋白及各种酶的差异。因此，血型比较复杂，至今仍未完全搞清。现已知马有 8 个血型系统，牛有 11 个、绵羊有 7 个、猪有 14 个、犬有 7 个、鸡有 10 个、貂有 4 个、兔有 1 个血型系统。

从理论上讲，输血时应输给同型血液或相合血液，否则会发生输血反应。但临床实践证明，尽管家畜血型复杂，但对各种家畜，首次输血都可选用任何一同种家畜血液，而不管它与受血家畜是否为同一血型，通常都不会发生输血反应。这是因为动物红细胞表面抗原性比较弱，动物血中天然存在的同种抗体不像人那样常见，即使有抗体存在其效价也很低。但少数动物的血清中有时也存在某些天然抗体，如牛的抗 J、绵羊的抗 R、猪的抗 A 等天然抗体，此时若输入的血液分别是牛 J、绵羊 R、猪 A 型血时，也会出现输血反应。动物首次输入异型血后，都能在 3～10d 内产生免疫抗体，如果此期间又用同一供血家畜血液再次输血，就会产生输血反应。因此，临床上对需进行多次输血的病畜，应准备多头供血家畜，并把重复输血的时间缩短在 3d 以内。当然，输入血型一致的相合血液，反复输血也不会有输血反应。

【输血的准备】 血液相合性试验

1. 三滴试验法 在载玻片上滴 1 滴 4% 的枸橼酸钠液，再用 2 支吸管分别加入受血和供血家畜血各 1 滴，搅拌均匀。若无凝集现象则为相合血，反之则为不相合血。

2. 交叉凝集试验 各取受体和供体抗凝血 2～5mL，于 3 400r/min 离心 1min，分别取血浆和红细胞。将取得的红细胞分别制备 2% 的红细胞悬液，即取 0.02mL 红细胞加 0.98mL 生理盐水。

主交叉：2 滴供体红细胞悬液与 2 滴受体血浆混合于小试管中；副交叉：2 滴受体红细胞悬液与 2 滴供体血浆混合置于小试管中；对照：2 滴受体红细胞悬液与 2 滴受体血浆混合于小试管中。将上述样品在 25℃温箱中放置 30min 后，在 3 400r/min 下离心 1min。若发生凝集反应，轻轻振荡不能成混悬液，为阳性，属不相合血；反之为阴性，属相合血。

3. 生物学试验法 先对受血者进行体温、呼吸、脉搏和黏膜颜色等检查并记录。取供血者抗凝血，大动物 200mL 左右、小动物 5mL 左右，一次输给受血者。观察 10min，检查上述指标。如无任何不良反应和变化，说明输入血液为相合血，可继续进行输血；如受血者表现不安、呼吸加快、脉搏增数、黏膜发绀、肌肉震颤、肠音增强、频频排粪排尿和出汗等症状，说明输入的血液为不相合血，应更换供血家畜。出现的反应一般经 20～30min 自然消失，通常不需要处理。

供血者的条件是：比较年轻、体壮、无传染病或血液寄生虫病的健康、同种家畜。

【采血方法】

1. 抗凝剂 一般用 4% 的枸橼酸钠，在无菌条件下 4℃，可保持 7d 不凝固。采血时它与血液量之比为 1∶9。此外，还可用 10% 的氯化钙液作抗凝剂，它与血液之比为1∶9，须在 2h 内将此抗凝血用完。10% 的水杨酸钠的抗凝时间为 2d，与血液之比为 1∶5。50mL 全血加肝素 250U，必须在 24h 内输完。

2. 采血部位 一般做静脉穿刺，采静脉血。

3. 采血量 大动物一次可采 2 000～3 000mL；犬采血量每次 20mL/kg；猫 15mL/kg。如准备进行红细胞输血，可在提取红细胞后，将剩余的血浆再输回给供血者。

一般小动物采血后可输注同量的林格氏液。采血的间隔时间应不少于3周。

4. 采血法 少量采血时，使用预先吸入适量抗凝剂的注射器，在抽取供血家畜血液后立即输给病畜即可。大量采血时，可用采血瓶（可用一般盐水瓶代替）或采血袋，加入适量抗凝剂（一次性采血袋出厂时已装好抗凝剂），然后采血至所需数量。在采血中要轻轻晃动采血瓶，让抗凝剂与血液均匀混合。

5. 血液的贮存 血液如需贮存时，必须加入血液保养液，以供给血细胞能量和保持pH，维持血细胞活力。常用的保养液是ACD液，其配方是：枸橼酸0.47g，枸橼酸钠1.33g，无水葡萄糖3.0g，重蒸馏水加至100mL，灭菌备用。应用时每100mL全血加入ACD液25mL。此种贮存血液中的红细胞，4℃条件下保存29d，其存活率仍可达70%。

【输血方法、速度和剂量】

1. 输血方法 通常取静脉输入法（同输液法）。输血前要轻轻晃动贮血瓶，使血浆与血细胞充分混合均匀。输血中也要间歇地晃动输血瓶，防止红细胞沉降堵塞针管。

2. 输血速度 一般大动物以20～25mL/min为宜。急性大失血时，输血速度要快，每分钟可达50～100mL。犬5mL/min，猫1～3mL/min。

3. 输血量 应视病畜体重和病情需要而定。通常的输血量为病畜体重的1%～2%。

【输血反应、防治及注意事项】

1. 发热反应 可发生在输血中或输血后1h以内，主要表现为寒战、出汗和体温升高。为防止出现这一反应，可在每100mL血液中加入2%的盐酸普鲁卡因溶液5mL或氢化可的松50mg，输入速度宜放慢。若反应剧烈，则需停止输血。

2. 过敏反应 出现呼吸急迫、痉挛和皮疹等症状，应停止输血，并肌内注射苯海拉明或0.1%的肾上腺素溶液。

3. 溶血反应 输血中突然出现不安、呼吸和脉搏增数、肌肉震颤、频频排尿排粪、黏膜发绀和高热等症状时，严重的出现休克症状，应立即停止输血，改输注盐糖水或5%～10%的葡萄糖液，随后注入5%的碳酸氢钠液，皮下注射0.1%的肾上腺素液。必要时应用强心、利尿剂和补充维生素制剂。

【输血的注意事项】

（1）输血前最好做血液相合性试验，呈阴性反应方可输血。

（2）输血时一切操作均应严格无菌。

（3）通常不给妊畜输血，以防流产。

（4）不要用种公畜血液给与之交配的母畜输血，以防新生幼畜发生溶血病。

（5）输血时，常并用抗生素，但最好不要将抗生素加入血液中，而应另做肌内注射。

（6）输血能抑制骨髓形成红细胞，所以反复输血会影响骨髓新生红细胞的过程。

第三节 给　　氧

给氧又称为氧气治疗法。目的是增加动脉血氧张力，是兽医临床工作中抢救重危病畜重要的急救措施。

【适应证】 主要用于氧缺乏症。

1. 缺氧性氧缺乏症 如肺气肿、支气管肺炎、大叶性肺炎，特别是休克、全身麻醉剂过量使用，以及胸部创伤或手术造成的呼吸困难等。

2. 贫血性氧缺乏症 见于血液的运氧功能异常甚至丧失时，如严重的贫血、出血和一氧化碳中毒等。

3. 淤血性氧缺乏症 由于心脏疾病（如心衰、心脏肥大和瓣膜病等），引起血液循环障碍，致使组织细胞得不到氧的供应或供氧不足。

4. 中毒性氧缺乏症 如水银、氰化物或氟化物中毒时，组织细胞丧失利用氧的能力。

【缺氧的症状】主要表现是呼吸急促或呼吸困难，不时出现潮式呼吸、可视黏膜发绀、心搏增强、脉搏增数和血压下降等。

【给氧的装置】

1. 氧气瓶给氧装置 包括氧气瓶、调节器、流量表、橡胶管和储水瓶等。给氧时，先将调节器和流量表装在氧气瓶上，然后慢慢打开氧气瓶阀，让氧气慢慢流入调节器。因纯氧气可使黏膜干燥，所以调节输入氧气的湿度很重要。一般是使氧气先通入一个盛1/2或2/3水的瓶中，这样一方面可以增加氧气的湿度，另一方面可根据水中起泡的情况，直观地了解氧气流入的速度，便于随时调节。一般给氧时，以每分钟2～5L为宜。无流量表时常以水泡数计算输出量，一般以每分钟出现200～300个水泡为宜。

2. 简易给氧装置（图3-1） 取盐水吊瓶1个（A），内装过氧化氢300～500mL；取广口瓶1个（B），内盛高锰酸钾30～50g；再取广口瓶1个（C），内盛蒸馏水200～300mL。B、C瓶塞为打有2个孔的橡胶塞或软木塞。按图3-1中所示，用玻璃管和胶管将A、B、C 3瓶连接好。调整好A瓶中过氧化氢滴入B瓶的速度，直至从C瓶中流出需要量的氧气。

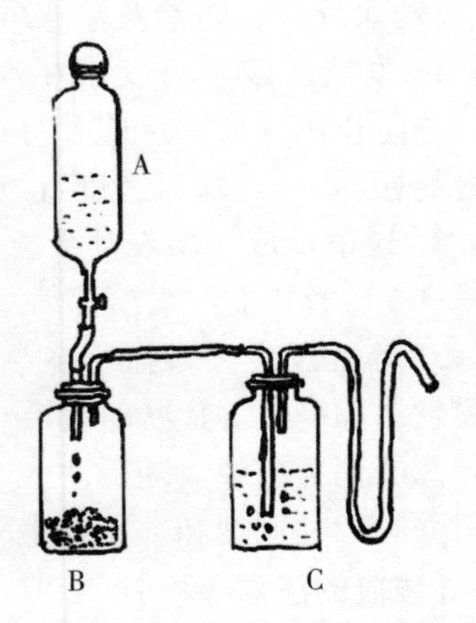

图3-1 简易给氧装置
（孙大丹，周昌芳．兽医外科学）

3. 氧气袋或汽车内胎的给氧装置 先将氧气袋或汽车内胎装入氧气，于开口处连接卡胶管（中间用弹簧夹夹住），卡胶管通入储水瓶，再由储水瓶引出给氧胶管。用弹簧夹控制氧的输出量。

【给氧的方法】

1. 经导管给氧法

（1）鼻导管给氧法 将氧气输出导管插入病畜鼻孔内，以达鼻咽腔为宜。然后以绷带或胶布将导管固定于鼻梁与下颌处，以防导管滑脱。放出氧气，按需要调节流量。

（2）导管插入咽头部给氧法 将导管插到病畜咽头部，通入氧气。

（3）气管内插管法 气导管有特制的，也可用橡胶管或塑料管自制。导管卡度以从外鼻孔到颈中部为宜。有时也可从口腔直接插入气导管，多用于小动物。

2. 经鼻直接吸氧法 又称面罩法，是采用带有活瓣的面罩给氧。将给氧导管连接到面罩上，再将面罩固定于病畜鼻部，往面罩内通入氧气，即可使病畜自由吸入氧气。

3. 氧气帐或氧气室给氧 小动物直接放入帐（室）内，大动物可将其头部置于帐（室）内，动物可直接吸入氧浓度较高的空气。这一设备复杂、价高，不易普及。

4. 皮下给氧法 把氧气注入动物肩后和两肋部皮下疏松结缔组织中，使氧气逐渐被皮下毛细血管内红细胞吸收，而达到给氧的目的。

注入方法：局部剪毛消毒，将针头刺入皮下，连接氧气输出管，打开开关使皮下逐渐鼓起，到皮肤比较紧张时即可停止。大动物注射量为6～10L，分2～3处注入，注入速度为1～1.5L/min。注入的氧气一般在6h内可逐渐被吸收。如病畜症状未缓解，可反复注射。

5. 3%过氧化氢静脉注射给氧法 这是在临床上较为方便、效果较好的给氧途径。特别对因肺部功能障碍或循环功能障碍引起的机体缺氧，最为适用。

使用的3%过氧化氢为医用或化学试剂。3%过氧化氢注射使用时，用25%～50%的葡萄糖溶液稀释至0.3%。

剂量：兔的最大耐受量为每千克体重6mL，安全剂量为每千克体重4mL；马的安全剂量为每千克体重5mL；牛的安全剂量为每千克体重2mL。应用频度依病情而定，一般每天1～2次。

用法：将3%过氧化氢稀释后，立即做静脉注射。注射速度：小动物控制在20mL/min以内，速度宜慢一些。

【给氧疗法注意事项】

（1）病畜要确实保定，病畜与氧气装置要有一定距离，保证安全。

（2）氧气装置要有专人看管，随时注意观察输入量。给氧导管必须严密，防止漏气。氧气瓶内的氧气不要用尽，保留量不应少于5L，以防杂质混入。

（3）给氧的场地严禁烟火。氧气瓶上的附件，严禁涂抹油脂类，也不要用带油的手去拧氧气瓶的阀门，因油脂遇高压氧可急速氧化而产生高热，轻则可融蚀器械上的金属，重则引起火灾。

第四节　化学药物疗法

一、抗生素及其临床应用

抗生素是细菌、真菌和放线菌等微生物的代谢产物，能抑制或杀灭病原微生物。抗生素除能从微生物培养液中提取，现在还有不少品种是由人工合成或半合成得来的。由于抗生素在很低浓度时即可以抑制病原微生物生长，且毒性较小，因而在临床上得以广泛应用。在防治感染性疾病中，抗生素占有极为重要的地位。

（一）β-内酰胺类抗生素

β-内酰胺类抗生素（β-lactam amtibiotics）系指化学结构中含有β-内酰胺环的一类抗生素。兽医常用药物主要包括青霉素类和头孢菌素类，它们的抗菌机制均系抑制细菌细胞壁的合成。另外，在兽医临床上，常配合β-内酰胺酶抑制剂使用效果更好。

1. 青霉素类 包括天然青霉素和半合成青霉素。前者的优点是杀菌力强、毒性低、价廉，但存在抗菌谱较窄，易被胃酸和β-内酰胺酶（青霉素酶）水解破坏，金黄色葡萄球菌易产生耐药等缺点；后者具有耐酸、耐酶和广谱等特点。在兽医临床上最常用的是

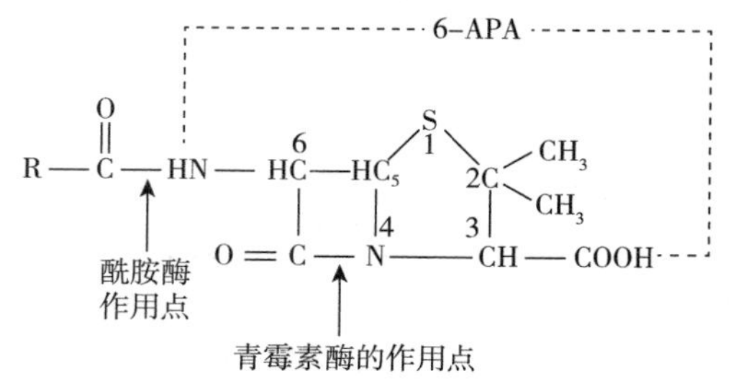

图3-2　青霉素类的基本化学结构

青霉素。

（1）天然青霉素　系从青霉菌（*Penicillium notatum*）的培养液中提取获得，主要含有青霉素F、G、X、K和双氢F5五种。它们的基本化学结构系由母核6-氨基青霉烷酸（6-amino-penicillanic acid，6-APA）和侧链（R-CO）组成，见图3-2。其中，以青霉素G的作用最强，性质较稳定，产量也较高。

青霉素（苄青霉素、青霉素G）

青霉素（Benzylpenicillin，Penicillin G）是一种有机酸，性质稳定，难溶于水。药用其钾盐或钠盐，为白色结晶性粉末；有引湿性；遇酸、碱和氧化剂等迅速失效，水溶液在室温放置易失效；溶于乙醇，极易溶于水。20万IU/mL青霉素溶液于30℃放置24h，效价下降56%，青霉烯酸含量增加200倍，所以临床应用时要新鲜配制。

【抗菌谱】青霉素属窄谱的杀菌性抗生素。抗菌作用很强，低浓度抑菌，高浓度杀菌。青霉素对革兰氏阳性和阴性球菌、革兰氏阳性杆菌、放线菌和螺旋体等高度敏感，常作为首选药。对青霉素敏感的病原菌主要有链球菌、葡萄球菌、肺炎球菌、脑膜炎球菌、丹毒杆菌、化脓棒状杆菌、炭疽杆菌、破伤风梭菌、李氏杆菌、产气荚膜梭菌、魏氏梭菌、牛放线杆菌和钩端螺旋体等。大多数革兰氏阴性杆菌对青霉素不敏感。

【药动学】青霉素内服易被胃酸和消化酶破坏，肌内注射或皮下注射后吸收较快，一般15～30min达到血药峰浓度，并迅速下降。常用剂量维持有效血药浓度仅3～8h。吸收后在体内分布广泛，能分布到全身各组织。青霉素在动物体内的半衰期较短，肌内注射给药在马、水牛、骆驼、猪、羊、犬及火鸡的半衰期分别是0.9h、0.7～1.2h、0.8h、0.3～0.7h、0.7h、0.5h和0.5h。青霉素吸收进入血液循环后，在体内不易被破坏，主要以原形从尿中排出。丙磺舒（羧苯磺胺）能竞争性抑制青霉素由肾小管分泌到肾小管腔的过程，因而可减慢青霉素的排泄，增高其血药浓度。此外，青霉素可在乳中排泄，因此，给药奶牛的乳汁应禁止给人食用，以防在易感人群中引起过敏反应。

【应用】本品用于革兰氏阳性球菌所致的马腺疫、链球菌病、猪淋巴结脓肿、葡萄球菌病，以及乳腺炎、子宫炎、化脓性腹膜炎和创伤感染等；革兰氏阳性杆菌所致的炭疽、恶性水肿、气肿疽、气性坏疽、猪丹毒、放线菌病，以及肾盂肾炎、膀胱炎等尿路感染；钩端螺旋体病。此外，对鸡球虫病并发的肠道梭菌感染，可内服大剂量的青霉素；对破伤风用本品时，应与抗破伤风血清合成。

在兽医临床，青霉素的给药途径常常采用肌内注射、皮下注射和局部应用。局部应用是指乳管内、子宫内及关节腔内注入等。青霉素在动物体内的消除很快，血中有效浓度维持时间较短。但在体内的药效试验证实，间歇地应用青霉素水溶液时，青霉素消失后仍继续发挥其抑菌作用（抗生素后效应）。细菌受青霉素杀伤后，恢复繁殖力一般要6～12h。故在一般情况下，每天2次肌内注射能达到有效治疗浓度。但严重感染时，仍应每隔4～6h给药1次。为了减少给药次数，保持较长的有效血药浓度维持时间，可采取下列方法：一是采取肌内注射长效青霉素，如普鲁卡因青霉素，由于产生的血药浓度不高，仅用于轻度感染或维持疗效；二是在应用长效制剂的同时，加用青霉素钠或钾，或先肌内注射青霉素钠或钾，再用长效制剂，以维持有效血药浓度。

【不良反应】青霉素的毒性很小。其不良反应除局部刺激外，主要是过敏反应，人医临床上较为常见。在兽医临床上，马、骡、牛、猪和犬中已有报道，但症状较轻。主要临床表现为流汗、兴奋、不安、肌肉震颤、呼吸困难、心率加快和站立不稳，有时见荨麻疹，眼睑、头面部水肿，阴门、直肠肿胀和无菌性蜂窝织炎等。严重时休克，抢救不及时可导致迅速死亡。因此，在用药时应注意观察，若出现过敏反应，要立即进行对症治疗，严重者可静脉或肌内注射肾上腺素（马、牛 2～5mg/次，羊、猪 0.2～1mg/次，犬 0.1～0.5mg/次，猫 0.1～0.2mg/次）。必要时可加用糖皮质激素和抗组胺药，增强或稳定疗效。

【用法与用量】肌内注射，一次量，每千克体重，马、牛 1 万～2 万 IU；羊、猪、驹、犊牛 2 万～3 万 IU；犬、猫 3 万～4 万 IU；禽 5 万 IU。每天 2～3 次。

乳管内注入，一次量，每一乳室，牛 10 万 IU。每天 1～2 次。奶的废弃期为 3d。

长效青霉素

为了克服青霉素钠或钾在动物体的有效血药浓度维持时间短的缺点，制成了一些难溶于水的青霉素胺盐，肌内注射后缓慢吸收，维持时间较长，称为青霉素长效制剂，如普鲁卡因青霉素和苄星青霉素（青霉素的二苄基乙二胺盐）。普鲁卡因青霉素用于非急性、非重症轻度感染，或作维持剂量用。苄星青霉素因其吸收慢，血药浓度较低，但维持时间较长，主要用于预防或需长期用药的家畜，如长途运输家畜时用于预防呼吸道感染和肺炎等。

【用法与用量】肌内或皮下注射（普鲁卡因青霉素），一次量，每千克体重，马、牛 1 万～2 万 IU；羊、猪、驹、犊牛 2 万～4 万 IU。每天 1 次。

肌内或皮下注射（苄星青霉素），一次量，每千克体重，马、牛 2 万～3 万 IU；羊、猪 3 万～4 万 IU；犬、猫 4 万～5 万 IU。必要时 3～4d 重复 1 次。

（2）半合成青霉素　以青霉素结构中的母核（6-APA）为原料，连接不同结构的侧链，从而合成了一系列衍生物（表 3－11）。它们具有耐酸和/或耐酶（β-内酰胺酶不能破坏）、广谱和抗绿脓杆菌等特点。

表 3－11　青霉素类化学结构的侧链及特点

侧链	名称	特点
(苯环)—CH_2—	青霉素 （Benzylpenicillin，苄青霉素，青霉素 G）	不耐酸，不耐酶
(苯环)—OCH_2—	青霉素 V （Penicillin V，苯氧甲青霉素）	耐酸，不耐酶
(苯环，2,6-二 OCH_3)—	甲氧西林 （Methicillin，甲氧苯青霉素，新青霉素Ⅰ）	不耐酸，耐酶
(苯环)—C=N—O—C(CH_3)=C—	苯唑西林 （Oxacillin，苯唑青霉素，新青霉素Ⅱ）	耐酸，耐酶

（续）

侧链	名称	特点
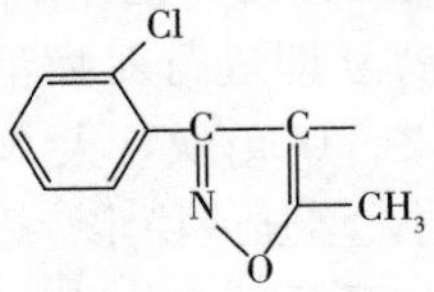 Cl; C=N; C—; CH_3; O	氯唑西林 （Cloxacillin，邻氯青霉素）	耐酸，耐酶
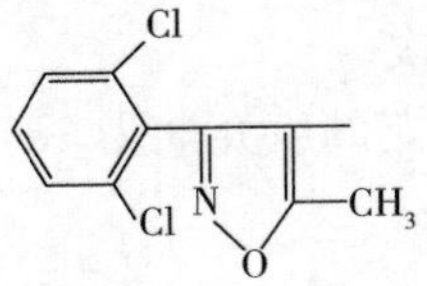 Cl; Cl; N; CH_3; O	双氯西林 （Dicloxacillin，双氯青霉素）	耐酸，耐酶
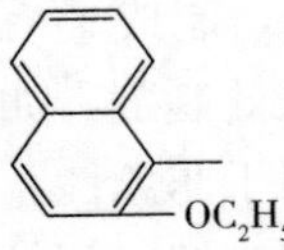 OC_2H_5	萘夫西林 （Nafcillin，乙氧萘青霉素，新青霉素Ⅲ）	耐酸，不耐酶
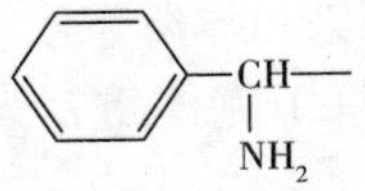 —CH—; NH_2	氨苄西林 （Ampicillin，氨苄青霉素，安比西林）	耐酸，不耐酶，广谱
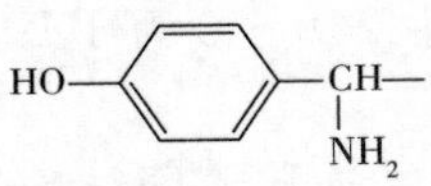 HO—; —CH—; NH_2	阿莫西林 （Amoxicillin，羟氨苄青霉素）	耐酸，不耐酶，广谱
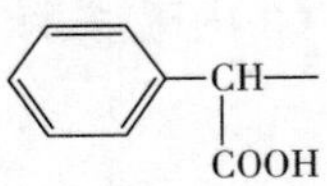 —CH—; COOH	羧苄西林 （Carbenicillin，羧苄青霉素，卡比西林）	不耐酶，广谱，抗绿脓杆菌

青霉素Ⅴ（Penicillin Ⅴ）

常用其钾盐。为白色结晶性粉末。溶于水和乙醇。

【作用与应用】 本品的抗菌谱、抗菌作用、应用与青霉素相似，但抗菌活性比青霉素稍差。可内服，耐胃酸但不耐 β-内酰胺酶。犊牛内服的生物利用度为 30%，在动物体内的半衰期小于 1h。一般不用于敏感菌的严重感染。

【用法与用量】 内服，一次量，每千克体重，马 40～70mg；犬、猫 5.5～11mg。每天 3～4 次。

苯唑西林（苯唑青霉素、新青霉素Ⅱ）（Oxacillin）

【作用与应用】 常用其钠盐。为白色结晶性粉末，易溶于水。本品为半合成的耐酸、耐酶青霉素。对青霉素耐药的金黄色葡萄球菌有效，但对青霉素敏感菌株的杀菌作用不如青霉素。在马、犬的半衰期分别为 0.6h 及 0.5h。主要用于对青霉素耐药的金黄色葡萄球菌感染，如败血症、肺炎、乳腺炎和烧伤创面感染等。

【用法与用量】内服或肌内注射，一次量，每千克体重，马、牛、羊、猪 10～15mg；犬、猫 15～20mg。每天 2～3 次，连用 2～3d。

氯唑西林（邻氯青霉素）(Cloxacillin)

【作用与应用】常用其钠盐。为白色结晶性粉末，易溶于水。本品为半合成的耐酸、耐酶青霉素。对青霉素耐药的菌株有效，尤其对耐药金黄色葡萄球菌有很强的杀菌作用，故被称为“抗葡萄球菌青霉素”。本品内服可以抗酸，但生物利用度仅有 37%～60%，受食物影响还会降低。犬的半衰期为 0.5h。常用于治疗动物的骨、皮肤和软组织的葡萄球菌感染。

【用法与用量】内服，一次量，每千克体重，马、牛、羊、猪 10～20mg；犬、猫 20～40mg。每天 3 次。

肌内注射，一次量，每千克体重，马、牛、羊、猪 5～10mg；犬、猫 20～40mg。每天 3 次。

乳管内注入，一次量，每一乳室，奶牛 200mg。每天 1 次。奶的废弃期为 2d。

氨苄西林（氨苄青霉素、安比西林）(Ampicillin)

本品游离酸含 3 分子结晶水（供内服），为白色结晶性粉末，味微苦，在水中微溶，在乙醇中不溶，在稀酸溶液或稀碱溶液中溶解。注射用其钠盐，为白色或类白色的粉末或结晶，在水中易溶，乙醇中略溶。

【抗菌谱】本品对大多数革兰氏阳性菌的效力不及青霉素。对革兰氏阴性菌，如大肠杆菌、变形杆菌、沙门氏菌、嗜血杆菌、布鲁氏菌和巴氏杆菌等均有较强的作用，与氯霉素、四环素相似或略强，但不如卡那霉素、庆大霉素和多黏菌素。本品对耐药金黄色葡萄球菌、绿脓杆菌无效。

【药动学】本品耐酸、不耐酶，内服或肌内注射均易吸收。单胃动物吸收的生物利用度为 30%～55%，反刍兽吸收差，绵羊内服的生物利用度仅为 2.1%，肌内注射吸收接近完全（>80%）。肌内注射，马、水牛、黄牛、猪和奶山羊体内半衰期分别为 1.21～2.23h、1.26h、0.98h、0.57～1.06h 及 0.92h。主要经尿与胆汁排泄。

【应用】本品用于敏感菌所致的肺部、尿道感染和革兰氏阴性杆菌引起的某些感染等，如驹、犊牛肺炎，牛巴氏杆菌病、肺炎、乳腺炎，猪传染性胸膜肺炎，鸡白痢、禽伤寒等。严重感染时，可与氨基糖苷类抗生素合用，以增强疗效。不良反应同青霉素。

【用法与用量】内服，一次量，每千克体重，家畜、禽 20～40mg，每天 2～3 次。

肌内或静脉注射，一次量，每千克体重，家畜、禽 10～20mg，每天 2～3 次（高剂量用于幼畜、禽和急性感染），连用 2～3d。

乳管内注入，一次量，每一乳室，奶牛 200mg。每天 1 次。

阿莫西林（羟氨苄青霉素）(Amoxicillin)

钠盐内服不吸收，内服剂型为羧苄西林茚满酯。肌内注射钠盐能迅速吸收。

【作用与应用】本品的作用、抗菌谱与氨苄西林基本相似，对肠球菌属和沙门氏菌的作用较氨苄西林强 2 倍。细菌对本品和氨苄西林有完全的交叉耐药性。

【用法与用量】内服，一次量，每千克体重，家畜、禽 10～15mg，每天 2 次。

肌内注射，一次量，每千克体重，家畜 4～7mg，每天 2 次。

乳管内注入，一次量，每一乳室，奶牛 200mg，每天 1 次。

羧苄西林（羧苄青霉素、卡比西林）（Carbenicillin）

钠盐内服不吸收，内服剂型为羧苄西林茚满酯。肌内注射钠盐能迅速吸收。

【作用与应用】本品的作用、抗菌谱与氨苄西林相似，特点是对绿脓杆菌，变形杆菌和大肠杆菌有较好的抗菌作用，对耐青霉素的金黄色葡萄球菌无效。注射给药，主要用于动物的绿脓杆菌全身性感染，通常与氨基糖苷类合用可增强其作用，但不能混合注射，应分别注射给药；对变形杆菌和肠杆菌属的感染也可应用。内服吸收很少，半衰期短，不适于做全身治疗，仅适用于绿脓杆菌性尿道感染。

【用法与用量】肌内注射，一次量，每千克体重，家畜 10～20mg，每天 2～3 次。

静脉注射或内服，一次量，每千克体重，犬、猫 55～110mg，每天 3 次。

2. 头孢菌素类 又名先锋霉素类（cephalosporins，cefalosporins），是一类广谱半合成抗生素。头孢菌素类与青霉素类一样，都具有 β-内酰胺环，不同的是前者系 7-氨基头孢烷酸（7-Aminocephalosporanic acid，7-ACA）的衍生物，而后者为 6-APA 衍生物。从冠头孢菌（*Cephalosporium acremonium*）的培养液中提取获得的头孢菌素 C（Cephalosporin C），其抗菌活性低，毒性大，不能用于临床。以头孢菌素 C 为原料，经催化水解后可获得母核 7-ACA，引入不同的基团，形成一系列的半合成头孢菌素（表 3-12）。根据发现时间的先后，可分为一、二、三、四代头孢菌素。头孢菌素类具有杀菌力强、抗菌谱广（尤其是第三、四代产品）、毒性小、过敏反应较少、对酸和 β-内酰胺酶比青霉素类稳定等优点。本类药物在人医临床使用较广泛，但是由于价格原因在兽医临床仅主要用于宠物的治疗。

【抗菌谱】头孢菌素的抗菌谱与广谱青霉素相似，对革兰氏阳性菌、阴性菌及螺旋体有效。第一代头孢菌素对革兰氏阳性菌（包括耐药金黄色葡萄球菌）的作用强于第二、三、四代，对革兰氏阴性菌的作用则较差，对绿脓杆菌无效。第一代对 β-内酰胺酶比较敏感，并且不能像青霉素那样有效地对抗厌氧菌。第二代头孢菌素对革兰氏阳性菌的作用与第一代相似或有所减弱，但对革兰氏阴性菌的作用则比第一代增强；部分药物对厌氧菌有效，但对绿脓杆菌无效。第二代较能耐受 β-内酰胺酶。第三代头孢菌素的特点是，对革兰氏阴性菌的作用比第一、二代弱。第三代对 β-内酰胺酶有很高的耐受力。第四代头孢菌素除具有第三代对革兰氏阴性菌有较强的抗菌作用外，抗菌谱更广，对 β-内酰胺酶高度稳定，血浆半衰期较长，无肾毒性。

【药动学】第一代可内服的头孢氨苄和头孢羟氨苄均可从胃肠道吸收，犬、猫的生物利用度为 75%～90%。用于注射的头孢菌素肌内注射能很快吸收，约 30min 血药浓度达峰值。专门用于动物的第三代头孢菌素头孢噻呋，在马、牛、羊、猪、犬和鸡体内的半衰期分别为 3.2h、7.1h、2.2～3.9h、14.5h、4.1h 及 6.8h。

头孢菌素能广泛地分布于大多数的体液和组织中，包括肾脏、肺、关节、骨、软组织和胆囊。第三代头孢菌素具有较好的穿透脑脊液的能力。头孢菌素主要经肾小球过滤和肾小管分泌排泄，丙磺舒可与头孢菌素产生竞争性拮抗作用，延缓头孢菌素的排出。但肾功能障碍时，半衰期显著延长。

【应用】头孢菌素的价格较贵，特别是第三、四代，在兽医临床极少应用，多用于宠物、种畜禽及贵重动物等特殊情况，且很少作为首选药物应用。主要用于耐药金黄色葡萄球菌及某些革兰氏阴性杆菌，如大肠杆菌、沙门氏菌、伤寒杆菌、痢疾杆菌和巴氏杆菌等引起的消化道、呼吸道和泌尿生殖道感染，牛乳腺炎和预防术后败血症等。例如，头孢噻呋特别适合于牛支气管肺炎，尤其是溶血性巴氏杆菌或出血败血性巴氏杆菌引起的支气管肺炎，以及猪的放线杆菌性胸膜肺炎。在临床用药时应根据病原情况进行选择，如果是革兰氏阳性菌引起的疾病，使用第一代产品比第三代更好。

表 3-12　常见头孢菌素类药物的化学结构、分类及给药途径

	药名	R_1	R_2	给药途径
第一代	头孢噻吩（Cefalothin，先锋霉素Ⅰ）	2-噻吩基—CH_2—	—$CH_2OC(=O)CH_3$	注射
	头孢氨苄（Cefalexin，先锋霉素Ⅳ）	苯基—CH(NH_2)—	—CH_3	内服
	头孢唑啉（Cefazolin，先锋霉素Ⅴ）	四唑-1-基—N—CH_2—	—H_2C—S—(5-甲基-1,3,4-噻二唑-2-基)（N—N，S，CH_3）	注射
	头孢羟氨苄（Cefadroxil）	HO—苯基—CH(NH_2)—	—CH_3	内服
第二代	头孢孟多（Cefamandole）	苯基—CH(OH)—	—H_2C—S—(1-甲基四唑-5-基)（N—N，N，N—CH_3）	注射
	头孢西丁（Cefoxitin）7-位上有-OCH_3	2-噻吩基—CH_2—	—$CH_2OC(=O)NH_2$	注射
	头孢克洛（Cefaclor）	苯基—CH(NH_2)—	—Cl	内服
	头孢呋辛（Cefuroxime）	2-呋喃基—C(=N—OCH_3)—	—$CH_2OC(=O)NH_2$	注射

（续）

	药名	R_1	R_2	给药途径
	头孢噻肟（Cefotaxime）	N, S, H_2N, —C—, ‖N, —OCH_3	— CH_2OC(=O)CH_3	注射
	头孢唑肟（Ceftizoxime）	N, S, H_2N, —C—, ‖N, —OCH_3	—H	注射
	头孢曲松（Ceftriaxone）	N, S, H_2N, —C—, ‖N, —OCH_3	—H_2CS, H_3C—N, H N, O, N, O	注射
第三代	头孢哌酮（Cefoperazone）	HO, CH—, NH, C=O, N, O, O, N, C_2H_5	—H_2CS, N—N, N, N, N, CH_3	注射
	头孢他啶（Ceftazidime）	N, S, H_2N, —C—, ‖N, —$OC(CH_3)_2COOH$	—$H_2C\overset{+}{N}$	注射
	头孢噻呋（Ceftiofur）	N, S, H_2N, —C—, ‖N, —OCH_3	—H_2CS, C, ‖O, O	注射
第四代	头孢吡肟（Cefepime）	N, S, H_2N, —C—, ‖N, —OCH_3	H_3C, — $H_2C\overset{+}{N}$	注射

【不良反应】过敏反应主要是皮疹。与青霉素偶尔有交叉过敏反应。肌内注射给药时，对局部有刺激作用，导致注射部位疼痛。犬肌内注射或静脉注射头孢拉定，常出现严重过敏反应，引起死亡，慎用。由于头孢菌素主要经过肾脏排泄，因此，对肾功能不良的动物

用药剂量应注意调整。

【制剂、用法与用量】

（1）头孢氨苄（Cefalexin） 内服，一次量，每千克体重，马 22mg；犬、猫 10～30mg。每天 3～4 次。

乳管注入，一次量，每一乳室，奶牛 200mg。每天 2 次，连用 2d。

（2）头孢唑啉钠（Cefazolin Sodium） 静脉或肌内注射，一次量，每千克体重，马 15～20mg。每天 3 次；犬、猫 20～25mg。每天 3～4 次。

（3）头孢拉定（Cefradine） 内服，一次量，每千克体重，马 22mg，每天 2～3 次。静脉或肌内注射，一次量，每千克体重，马 15～20mg，每天 3 次；犬、猫 20～25mg。每天 3～4 次。

（4）头孢羟氨苄（Cefadroxil） 内服，一次量，每千克体重，犬、猫 22mg。每天 2～3 次。

（5）头孢西丁钠（Cefotaxime Sodium） 静脉或肌内注射，一次量，每千克体重，犬、猫 10～20mg。每天 2～3 次。

（6）头孢噻肟钠（Cefotaxime Sodium） 静脉注射，一次量，每千克体重，驹 20～30mg。每天 4 次。静脉、肌内或皮下注射，一次量，每千克体重，犬、猫 25～50mg。每天 2～3 次。

（7）头孢噻呋钠（Ceftiofur Sodium） 肌内注射，一次量，每千克体重，牛 1.1mg；猪 3～5mg；犬 2.2mg。每天 1 次，连用 3d。1 日龄雏鸡，每只 0.1mg。

3. β-内酰胺酶抑制剂

克拉维酸（棒酸）（Clavulanic Acid）

系由棒状链霉菌（*Streptomyces clavuligerus*）产生的抗生素。本品的钾盐为无色针状结晶。易溶于水，水溶液极不稳定。

【作用与应用】克拉维酸仅有微弱的抗菌活性，是一种革兰氏阳性和阴性菌所产生的β-内酰胺酶的“自杀”抑制剂（不可逆结合者），故称为β-内酰胺酶抑制剂（β-lactamase inhibitor）。内服吸收好，也可注射。本品不单独用于抗菌，通常与其他β-内酰胺抗生素合用，以克服细菌的耐药性。如将克拉维酸与氨苄西林合用使后者对产生β-内酰胺酶金黄色葡萄球菌的最小抑菌浓度由大于 1 000μg/mL 减小至 0.1μg/mL。现已有氨苄西林或阿莫西林与克拉维酸钾组成的复方制剂用于兽医临床，如阿莫西林＋克拉维酸钾（2～4）∶1。

【用法与用量】内服，一次量，每千克体重，家畜 10～15mg（以阿莫西林计）。每天 2 次。

舒巴坦（青霉烷砜）（Sulbactam）

本品的钠盐为白色或类白色结晶性粉末。溶于水，在水溶液中有一定的稳定性。

【作用与应用】为不可逆性竞争型β-内酰胺酶抑制剂。可抑制β-内酰胺酶对青霉素、头孢菌素类的破坏。与氨苄西林联合应用可使葡萄球菌、巴氏杆菌、大肠杆菌、克雷伯杆菌等对氨苄西林的最低抑菌浓度下降而增效，并可使产酶菌株对氨苄西林恢复敏感。本品与氨苄西林联合，在兽医临床用于上述菌株所致的呼吸道、消化道及泌尿道感染。氨苄西林钠—舒巴坦钠（舒他西林）混合物的水溶液不稳定，仅供注射，不能内服；而氨苄西林—舒巴坦甲苯磺酸盐是双酯结构化合物，供内服吸收后，经体内酯酶水解为氨苄西林和舒巴坦而起作用。

【用法与用量】内服，一次量，每千克体重，家畜 20～40mg（以氨苄西林计）。每天 2 次。

肌内注射，一次量，每千克体重，家畜 10～20mg（以氨苄西林计）。每天 2 次。

（二）氨基糖苷类抗生素

本类抗生素的化学结构含有氨基糖分子和非糖部分的糖原结合而成的苷，故称为氨基糖苷类抗生素。常用的有链霉素、庆大霉素、卡那霉素、阿米卡星、新霉素、大观霉素及安普霉素等。本类药物的主要共同特征：①均为有机碱，能与酸形成盐。常用制剂为硫酸盐，易溶于水，性质稳定。在碱性环境中抗菌作用增强。②内服吸收很少，几乎完全从粪便排出，可作为肠道感染用药。注射给药后吸收迅速，大部分以原形从尿中排出，适用于泌尿道感染。③抗菌谱较广，对需氧革兰氏阴性杆菌的作用强，对厌氧菌无效；对革兰氏阳性菌的作用较弱，但金黄色葡萄球菌包括耐药菌株对其较敏感。④不良反应主要是损害第八对脑神经、会产生肾脏毒性及对神经肌肉的阻断作用。

链霉素（Streptomycin）

链霉素系从灰链霉菌（*Streptomyces griseus*）培养液中提取获得。药用其硫酸盐，为白色或类白色粉末。易溶于水。

【抗菌谱】抗菌谱较广。抗结核杆菌的作用在氨基糖苷类中最强，对大多数革兰氏阴性杆菌和革兰氏阳性球菌有效。例如，对大肠杆菌、沙门氏菌、布鲁氏菌、变形杆菌、痢疾杆菌、鼠疫杆菌和鼻疽杆菌等均有较强的抗菌作用，但对绿脓杆菌作用弱；对金黄色葡萄球菌、钩端螺旋体和放线菌也有效。

【药动学】内服难吸收，大部分以原形由粪便中排出。肌内注射吸收迅速而完全，约 1h 血药浓度达高峰，有效药物浓度可维持 6～12h。在各种动物体内的半衰期是：马 3.1h，水牛 3.9h，黄牛 4.1h，奶山羊 4.7h，猪 3.8h。主要分布于细胞外液，易透入胸腔、腹腔中，有炎症时渗入增多。也可透入胎盘进入胎儿循环，胎血浓度约为母畜血浓度的一半，因此孕畜注射链霉素，应警惕对胎儿的毒性。本品不易进入脑脊液。主要通过肾小球滤过而排出，24h 内排出给药剂量的 50%～60%。由于在尿中浓度很高，可用于治疗尿道感染。在碱性环境中抗菌作用增强，如在 pH 8 的抗菌作用，比在 pH 5.8 时强20～80 倍，故可加服碳酸氢钠，碱化尿液，增强治疗效果，这在杂食及肉食动物用药时尤其重要。

【应用】主要用于敏感菌所致的急性感染，如大肠杆菌所引起的各种腹泻、乳腺炎、子宫炎、败血症和膀胱炎等；巴氏杆菌所引起的牛出血性败血症、犊牛肺炎、猪肺疫和禽霍乱等；猪布鲁氏菌病；鸡传染性鼻炎；马志贺氏菌引起的脓毒败血症（化脓性肾炎和关节炎）；马棒状杆菌引起的幼驹肺炎。

链霉素的反复使用，细菌极易产生耐药性，并远比青霉素更快，且一旦产生后，停药后不易恢复。因此，临床上常用联合用药，以减少或延缓耐药性的产生。与青霉素合用，治疗各种细菌性感染。链霉素耐药菌株，对其他氨基糖苷类仍敏感。

【不良反应】①过敏反应，发生率比青霉素低，但也可出现皮疹、发热、血管神经性水肿和嗜酸性粒细胞增多等；②第八对脑神经损害，造成前庭功能和听觉的损害，家畜中少见；③神经肌肉的阻断作用，为类似箭毒样的作用，出现呼吸抑制、肢体瘫痪和骨骼肌松弛等症状。严重者肌内注射新斯的明或静脉注射氯化钙即可缓解。只有在用量过大并同时使用肌松药或麻醉剂时，才可能出现。

【用法与用量】肌内注射，一次量，每千克体重，家畜 10～15mg；家禽 20～30mg。每天 2～3 次。

庆大霉素（Gentamicin）

庆大霉素系从小单孢子菌（*Micromonospora purpura*）培养液中提取获得的 C_1、C_{1a} 和 C_2 三种成分的复合物。三种成分的抗菌活性和毒性基本一致。其硫酸盐为白色或类白色结晶性粉末。无臭。在水中易溶，在乙醇中不溶。

【抗菌谱】本品在氨基糖苷类中抗菌谱较广，抗菌活性最强。对革兰氏阴性菌和阳性菌均有作用。在阴性菌中，对大肠杆菌、变形杆菌、嗜血杆菌、绿脓杆菌、沙门氏菌和布鲁氏菌等均有较强的作用，特别是对肠道菌及绿脓杆菌有高效；在阳性菌中，对耐药金黄色葡萄球菌的作用最强，对耐药的葡萄球菌、溶血性链球菌、炭疽杆菌等也有效。此外，对支原体也有一定作用。

【应用】主要用于耐药金黄色葡萄球菌、绿脓杆菌、变形杆菌和大肠杆菌等所引起的各种疾病，如呼吸道、肠道、泌尿道感染和败血症等；鸡传染性鼻炎。内服还可用于肠炎和细菌性腹泻。

由于本品已广泛应用于兽医临床，耐药菌株逐渐增加，但耐药性维持时间较短，停药一段时间后易恢复其敏感性。

【不良反应】与链霉素相似。对肾脏有较严重的损害作用，临床应用不要随意加大剂量及延长疗程。

【用法与用量】肌内注射，一次量，每千克体重，马、牛、羊、猪 2～4mg；犬、猫 3～5mg；家禽 5～7.5mg。每天 2 次。猪的休药期为 40d。

静脉滴注（严重感染），用量同肌内注射。

内服，一次量，每千克体重，驹、犊牛、羔羊、仔猪 5～10mg。每天 2 次。

卡那霉素（Kanamycin）

卡那霉素系从卡那链霉菌（*Streptomyces kanamyceticus*）的培养液中提取获得的。有 A、B、C 三种成分。临床上用的以卡那霉素 A 为主，约占 95%，也含少量的卡那霉素 B，小于 5%。常用其硫酸盐，为白色或类白色结晶性粉末。在水中易溶，水溶液稳定，于 100℃ 30min 灭菌不降低活性。

【抗菌谱】与链霉素相似，但抗菌活性稍强。对多数革兰氏阴性菌和大肠杆菌、变形杆菌、沙门氏菌和巴氏杆菌等有效，但对绿脓杆菌无效；对结核杆菌和耐青霉素的金黄色葡萄球菌也有效。

【应用】主要用于治疗多数革兰氏阴性杆菌和部分耐青霉素的金黄色葡萄球菌引起的感染，如呼吸道、肠道和泌尿道感染、乳腺炎、禽霍乱和雏鸡白痢等。此外，也可用于治疗猪萎缩性鼻炎。不良反应与链霉素相似。

【用法与用量】肌内注射，一次量，每千克体重，家畜、家禽 10～15mg。每天 2 次，连用 2～3d。

阿米卡星（丁胺卡那霉素）（Amikacin）

阿米卡星为半合成的氨基糖苷类抗生素。将氨基羟丁酰链引入卡那霉素 A 分子的链霉胺部分而得。其硫酸盐为白色或类白色的结晶性粉末。在水中极易溶解。其 1%的水溶液 pH 为 6.0～7.5。

【抗菌谱】与庆大霉素相似。其特点是对庆大霉素和卡那霉素耐药的绿脓杆菌、大肠杆菌、变形杆菌、克雷伯杆菌等仍有效；对金黄色葡萄球菌也有较好作用。

【应用】用于治疗耐药菌引起的菌血症、败血症、呼吸道感染、腹膜炎及敏感菌引起的各种感染等。不良反应与链霉素相似。

【用法与用量】肌内注射，一次量，每千克体重，马、牛、羊、猪、犬、猫和家禽 5～7.5mg。每天 2 次。

新霉素（Neomycin）

系从链霉菌（*Streptomyces fradiae*）培养液中获得。含 A、B、C 三种组分，主要为 B、C。临床用其硫酸盐，溶于水性质稳定。

【作用与应用】与链霉素相似。在氨基糖苷类中，本品毒性最大，一般禁用于注射给药。内服给药后很少吸收，在肠道内呈现抗菌作用。用于治疗畜禽的肠道大肠杆菌感染；子宫或乳管内注入，治疗奶牛、母猪的子宫内膜炎和乳腺炎；局部外用（0.5%溶液或软膏），治疗皮肤、黏膜化脓性感染。

【用法与用量】内服，一次量，每千克体重，家畜 10～15mg；犬、猫 10～20mg。每天 2 次，连用 2～3d。

混饮，每升水，禽 50～75mg（效价）。连用 3～5d，鸡休药期 5d。

混饲，每 1 000kg 饲料，禽 77～154g（效价）。连用 3～5d。肉鸡宰前 5d、火鸡宰前 14d 停止给药。蛋鸡产蛋期禁用。

大观霉素（壮观霉素、奇放线菌素）（Spectinomycin）

由壮观链霉菌（*Streptomyces spectabilis*）产生的抗生素。其盐酸盐或硫酸盐为白色或类白色结晶性粉末。易溶于水。

【抗菌谱】对革兰氏阴性菌（如布鲁氏菌、克雷伯杆菌、变形杆菌、绿脓杆菌、沙门氏菌和巴氏杆菌等）有较强作用；对革兰氏阳性菌（链球菌、葡萄球菌）作用较弱。对支原体也有一定作用。

【应用】在兽医临床上，本品多用于防治大肠杆菌病、禽霍乱和禽沙门氏菌病。本品常与林可霉素联合，用于防治仔猪腹泻、猪的支原体性肺炎和败血支原体引起的鸡慢性呼吸道病。

【用法与用量】混饮，每升水，禽 500～1 000mg（效价），连用 3～5d。肉鸡宰前 5d 停止给药。蛋鸡产蛋期禁用。内服，一次量，每千克体重，猪 20～40mg。每天 2 次。

安普霉素（普拉霉素、阿布拉霉素）（Apramycin）

系由 *Streptomyces tenebrarius* 产生的抗生素其硫酸盐为白色结晶粉末。易溶于水。

【抗菌谱】抗菌谱广，对革兰氏阳性菌（大肠杆菌、沙门氏菌、变形杆菌）、革兰氏阳性菌（某些链球菌）、密螺旋体和某些支原体有较好的抗菌作用。

【应用】主要用于幼龄禽的大肠杆菌、沙门氏菌感染，对猪的密螺旋体痢疾、畜禽的支原体病也有效。猫较敏感，易产生毒性。

【用法与用量】肌内注射，一次量，每千克体重，家畜 20mg。每天 2 次，连用 3d。

内服，一次量，每千克体重，家畜 20～40mg。每天 1 次，连用 5d。

混饮，每升水，禽 250～500mg（效价）。连用 5d。宰前 7d 停止给药。

混饲，每 1 000kg 饲料，猪 80～100g（效价，用于促生长）。连用 7d，宰前 21d 停止给药。

（三）四环素类抗生素

四环素类（tetracyline）为一类具有共同多环并四苯羧基酰胺母核的衍生物，仅在 5、6、7 位取代基有所不同（表 3－13）。它们对革兰氏阳性菌、阴性菌、螺旋体、立克次氏体、支原体、衣原体和原虫（球虫、阿米巴原虫）等均可产生抑制作用，故称为广谱抗生素。

四环素类可分为天然品和半合成品两类。前者由不同链霉菌的培养液中提取获得，有四环素、土霉素、金霉素和去甲金霉素；后者为半合成衍生物，有多西环素、美他环素（甲烯土霉素，metacycline）和米诺环素（二甲胺四环素，minocycline）等。兽医临床常用的有四环素、土霉素、金霉素和多西环素等。按其抗菌活性大小顺序，依次为米诺环素＞多西环素＞美他环素＞金霉素＞四环素＞土霉素。

表 3－13　四环素类的化学结构

药名	R	R_1	R_2
金霉素	Cl	OH	H
四环素	H	OH	H
土霉素	H	OH	OH
多西环素	H	H	OH

土霉素（氧四环素）（Oxytetracycline）

土霉素（oxytetracycline）由龟裂链霉菌（*Streptomyces rimosus*）的培养液中提取获得。

为淡黄色的结晶性或无定形粉末；在日光下颜色变暗，在碱性溶液中易破坏失效。在水中极微溶解，易溶于稀酸、稀碱。常用其盐酸盐，为黄色结晶性粉末，性状稳定，易溶于水，水溶液不稳定，宜现用现配。其10%水溶液的pH为2.3～2.9。

【抗菌谱】为广谱抗生素，起抑菌作用。除对革兰氏阳性菌和阴性菌有作用外，对立克次氏体、衣原体、支原体、螺旋体、放线菌和某些原虫也有抑制作用。在革兰氏阳性菌中，对葡萄球菌、溶血性链球菌、炭疽杆菌、破伤风梭菌和梭状芽孢杆菌等的作用较强，但其作用不如青霉素类和头孢菌素类；在革兰氏阴性菌中，对大肠杆菌、沙门氏菌、布鲁氏菌和巴氏杆菌等较敏感，而其作用不如氨基糖苷类和氯霉素类。

细菌对本品能产生耐药性，但产生较慢。四环素类之间存在交叉耐药性，对一种药物耐药的细菌通常也对其他的四环素类耐药。

【药动学】内服吸收均不规则、不完全，主要在小肠的上段被吸收。胃肠道内的镁、钙、铝、铁、锌和锰等多价金属离子，能与本品形成难溶的螯合物，而使药物吸收减少，因此，不宜与含多价金属离子的药品或饲料、乳制品共服。内服后，2～4h血药浓度达峰值。反刍兽不宜内服给药，原因是吸收差，血液难于达到治疗浓度，并且能抑制胃内微生物的活性。猪肌内注射土霉素后，2h内血药浓度达高峰。土霉素在动物的半衰期为：马10.5～14.9h、驴6.5h、奶牛9.1h、犊牛8.8～13.5h、猪6h、犬4～6h、兔1.32h、火鸡0.73h。吸收后在体内分布广泛，易渗入胸、腹腔和乳汁；也能通过胎盘屏障进入胎儿循环；但在脑脊液的浓度低。体内储存于胆、脾，尤其易沉积于骨骼和牙齿；可在肝内浓缩，经胆汁分泌，胆汁的药物浓度为血中的10～20倍。有相当一部分可由胆汁排入肠道，并再被吸收利用，形成"肝肠循环"，从而延长药物在体内的持续时间。主要由肾脏排泄，在胆汁和尿中浓度高，有利于胆道及泌尿道感染的治疗。

【应用】①大肠杆菌或沙门氏菌引起的下痢，如犊牛白痢、羔羊痢疾、仔猪黄痢和白痢、雏鸡白痢等；②多杀性巴氏杆菌引起的出血性败血症、猪肺疫和禽霍乱等；③支原体引起牛肺炎、猪气喘病和鸡慢性呼吸道病等；④局部用于坏死杆菌所致的坏死、子宫脓肿和子宫内膜炎等；⑤血孢子虫感染的泰勒焦虫病、放线菌病和钩端螺旋体病等。

【不良反应】①局部刺激，本品盐酸盐水溶液属强酸性，刺激性大，最好不采用肌内注射给药；②二重感染，成年草食动物内服后，剂量过大或疗程过长时，易引起肠道菌群紊乱，导致消化机能失常，造成肠炎和腹泻，并形成二重感染。

为防止不良反应的产生，应用四环素类应注意：①除土霉素外，其他均不宜肌内注射，静脉注射时勿漏出血管外，注射速度应缓慢；②成年反刍动物、马属动物和兔不宜内服给药；③避免与乳制品和含钙量较高的饲料同时服用。

【用法与用量】内服，一次量，每千克体重，猪、驹、犊牛、羔羊10～25mg；犬15～50mg；禽25～50mg。每天2～3次，连用3～5d。

混饲，每1 000kg饲料，猪300～500g（治疗用）。

混饮，每升水，猪100～200mg；禽150～250mg。

静脉或肌内注射，一次量，每千克体重，家畜5～10mg。每天1～2次。

四环素（Tetracycline）

【理化性质】由链霉菌（*Streptomyces aureofaciens*）培养液中提取获得。常用其盐酸盐，为黄色结晶性粉末。遇光色渐变深。在碱性溶液中易破坏失效。在水中溶解，在乙醇中略溶。其1%水溶液的pH为1.8～2.8。水溶液放置后不断降解，效价降低，并变为混浊。

【作用与应用】与土霉素相似。对革兰氏阴性杆菌的作用较好；对革兰氏阳性球菌，如葡萄球菌的效力则不如金霉素。内服后血药浓度较土霉素或金霉素高。对组织的渗透率较高，易透入胸腹腔、胎儿循环及乳汁中。

【用法与用量】内服，一次量，每千克体重，猪、驹、犊牛、羔羊 10～25mg；犬 15～50mg；禽 25～50mg。每天 2～3 次，连用 3～5d。

混饲，每 1 000kg 饲料，猪 300～500g（治疗）。

混饮，每升水，猪 100～200mg；禽 150～250mg。

静脉或肌内注射，一次量，每千克体重，家畜 5～10mg。每天 2 次，连用 2～3d。

金霉素（氯四环素）(Chlortetracycline)

由链霉菌（*Streptonyces aureofaciens*）的培养液中所制得。常用其盐酸盐，为金黄色或黄色结晶。遇光色渐变深。在水或乙醇中微溶。其水溶液不稳定，浓度超过 1%即析出。在 37℃放置 5h，效价降低 50%。

【作用与应用】与土霉素相似。但对耐青霉素的金黄色葡萄球菌感染的疗效，优于土霉素和四环素。由于局部刺激性强，稳定性差，人医用的内服制剂和针剂均已淘汰。

【用法与用量】内服，一次量，每千克体重，猪、驹、犊牛、羔羊 10～25mg。每天 2 次。

混饲，每 1 000kg 饲料，猪 300～500g；禽 200～600g。一般不超过 5d。

多西环素（脱氧土霉素、强力霉素）(Doxycycline)

其盐酸盐为淡黄色或黄色或黄色结晶性粉末。易溶于水，微溶于乙醇。1%水溶液的 pH 为 2～3。

【作用与应用】抗菌谱与其他四环素类相似，体内、体外抗菌活性较土霉素、四环素强。细菌对本品与土霉素、四环素等存在交叉耐药性。

本品内服后吸收迅速、生物利用度高，犊牛用牛奶代替品同时内服的生物利用度为 70%，维持有效血药浓度时间长，对组织渗透力强，分布广泛，易进入细胞内。原形药物大部分经胆汁排入肠道又再吸收，而有显著的肝肠循环。本品在肝内大部分以结合或络合方式灭活，再经胆汁分泌入肠道，随粪便排出，因而对胃肠菌群及动物的消化机能无明显影响。

主要用于治疗畜禽的支原体病、大肠杆菌病、沙门氏菌病、巴氏杆菌病和鹦鹉热等。本品在四环类中毒性最小，但有报道，给马属动物静脉注射可致心律不齐、虚脱和甚至死亡。

【用法与用量】内服，一次量，每千克体重，猪、驹、犊牛、羔羊 3～5mg；犬、猫 5～10mg；禽 15～25mg。每天 1 次，连用 3～5d。

混饲，每 1 000kg 饲料，猪 150～250g；禽 100～200g。

混饮，每升水，猪 100～150mg；禽 50～100mg。

（四）氯霉素类抗生素

甲砜霉素（甲砜氯霉素、硫霉素）(Thiamphenicol)

本品是氯霉素结构中的对硝基苯被甲砜基取代的衍生物，比氯霉素具有更高的水溶性和稳定性。为白色结晶性粉末。无臭。微溶于水，溶于甲醇，几乎不溶于乙醚或氯仿。

【作用与应用】属广谱抗生素。抗菌谱、抗菌活性与氯霉素相似，对肠杆菌科细菌和金黄色葡萄球菌的活性较氯霉素弱，与氯霉素存在交叉耐药性，但某些对氯霉素耐药的菌株仍可对甲砜霉素敏感。猪肌内注射本品吸收快，达峰时间为1h，生物利用度为76%，半衰期为4.2h，体内分布较广；静脉注射给药的半衰期为1h。本品在肝内代谢少，大多数药物（70%～90%）以原形从尿中排出。主要用于畜禽的细菌性疾病，尤其是大肠杆菌、沙门氏菌及巴氏杆菌感染。

【不良反应】不产生再生障碍性贫血，但可抑制红细胞、白细胞和血小板生成，程度比氯霉素轻。

【用法与用量】内服，一次量，每千克体重，家畜10～20mg；家禽20～30mg。每天2次。

氟苯尼考（氟甲砜霉素）(Florfenicol)

系甲砜霉素的单氟衍生物，为白色或类白色结晶性粉末。在二甲基甲酰胺中极易溶解，在甲醇中溶解，在冰醋酸中略溶，在水或氯仿中极微溶解。

【作用与应用】属动物专用的广谱抗生素。抗菌谱与氯霉素相似，但抗菌活性优于氯霉素和甲砜霉素。对猪胸膜肺炎放线杆菌的最小抑菌浓度为0.2～1.56μg/mL。对耐氯霉素和甲砜霉素的大肠杆菌、沙门氏菌、克雷伯菌也有效。畜禽内服和肌内注射本品吸收快，体内分布较广，半衰期长，能维持较长时间的有效血药浓度。肉鸡、犊牛内服的生物利用分别为55.3%、88%；猪内服几乎完全吸收。牛静脉注射及肌内注射的半衰期分别为2.6h、18.3h；猪静脉注射及肌内注射的半衰期分别为6.7h、17.2h；鸡静脉注射的半衰期为5.36h。大多数药物以原形（50%～65%）从尿中排出。

主要用于牛、猪、鸡和鱼类的细菌性疾病，如牛的呼吸道感染、乳腺炎；猪传染性胸膜肺炎、黄痢、白痢；鸡大肠杆菌病、霍乱等。

【不良反应】不引起骨髓抑制或再生障碍性贫血，但有胚胎毒性，故妊娠动物禁用。

【用法与用量】内服，一次量，每千克体重，猪、鸡20～30mg。每天2次，连用3～5d。

肌内注射，一次量，每千克体重，猪、鸡20mg。每天1次，连用2次。

（五）大环内酯类抗生素

大环内酯类（macrolides）系一族由12～16个碳骨架的大内酯环及配糖体组成的抗生素。兽医临床主要应用的为红霉素、泰乐菌素、替米考星、吉他霉素、螺旋霉素和竹桃霉素等。本类药物主要对革兰氏阳性菌和某些革兰氏阴性菌有效，毒性低，与其他抗生素无交叉耐药性。但本类抗生素之间有不完全的交叉耐药性。

红霉素（Erythromycin）

本品系从红链霉菌（*Streptomyces erythreus*）的培养液中提取出来的，为白色或类白色的结晶或粉末。在甲醇、乙醇或丙酮中易溶，在水中极微溶解。其乳糖酸盐供注射用，为红霉素的乳糖醛酸盐，易溶于水。此外，尚有其琥珀酸乙酯（琥乙红霉素）、丙酸酯的十二烷基硫酸盐（依托红霉素，又名无味红霉素）及硫氰酸盐供药用。硫氰酸红霉素属动物专用药，为白色或类白色的结晶或粉末。在甲醇、乙醇中易溶，在水、氯仿中微溶。

【抗菌谱】本品一般起抑菌作用，高浓度对敏感菌有杀菌作用。红霉素的抗菌谱与青霉素相似，对革兰氏阳性菌如金黄色葡萄球菌、链球菌、猪丹毒杆菌、梭状芽孢杆菌、炭疽杆菌和棒状杆菌等有较强的抗菌作用；对某些革兰氏阴性菌如巴氏杆菌和布鲁氏菌有较弱的作用，但对大肠杆菌、克雷伯杆菌和沙门氏菌等无作用。此外，对某些支原体、立克次氏体和螺旋体也有效；对青霉素耐药的金黄色葡萄球菌也敏感。

细菌对红霉素易产生耐药性，故用药时间不宜超过 1 周。此种耐药不持久，停药数月后可恢复敏感性。本品与其他类抗生素之间无交叉耐药性，但大环内酯类抗生素之间有部分或完全的交叉耐药。

【药动学】红霉素碱内服易被胃酸破坏，宜采用耐酸的依托红霉素或琥乙红霉素，内服吸收良好，1～2h 达血药峰浓度，可透过胎盘屏障及进入关节腔。脑膜炎时脑脊液中可达较高浓度。本品大部分在肝内代谢灭活，主要经胆汁排泄，部分经肠重吸收，仅约 5% 由肾脏排出。肌内注射后吸收迅速，但注射部位会发生疼痛和肿胀。

【应用】主要用于对青霉素耐药的金黄色葡萄球菌所致的轻、中度感染和对青霉素过敏的病例，如肺炎、败血症、子宫内膜炎、乳腺炎和猪丹毒等。对禽的慢性呼吸道病（败血支原体病）、猪支原体性肺炎也有较好的疗效。红霉素虽有强大的抗革兰氏阳性菌的作用，但其疗效不如青霉素，因此，若病原对青霉素敏感，宜首选青霉素。

【不良反应】毒性低，但刺激性强。肌内注射可发生局部炎症，宜采用深部肌内注射。静脉注射速度要缓慢，同时，应避免漏出血管外。犬猫内服可引起呕吐、腹痛、腹泻等症状，应慎用。

【用法与用量】内服，一次量，每千克体重，仔猪、犬、猫 10～20mg。每天 2 次，连用 3～5d。

混饮，每升水，鸡 125mg（效价）。连用 3～5d。

静脉滴注，一次量，每千克体重，马、牛、羊、猪 3～5mg；犬、猫 5～10mg。每天 2 次，连用 2～3d。

泰乐菌素（泰洛星）（Tylosin）

系从链霉菌（*Streptomyces fradiae*）NRRL270 和 2704 两菌株的培养液中提取获得。本品微溶于水，与酸制成盐后则易溶于水。水溶液在 pH 为 5.5～7.5 时稳定。若水中含铁、铜、铝等金属离子，则可与本品形成络合物而失效。兽医临床上常将泰乐菌素制成酒石酸盐和磷酸盐。

【作用与应用】本品为畜禽专用抗生素。对革兰氏阳性菌、支原体、螺旋体等均有抑制作用；对大多数革兰氏阴性菌作用较差。对革兰氏阳性菌的作用较红霉素弱，其特点是对支原体有较强的抑制作用。此外，本品对牛、猪和鸡还有促生长作用。与其他大环内酯类有交叉耐药现象。本品内服可吸收，但血中有效药物浓度维持时间比注射给药短。肌内注射后，吸收迅速，组织中的药物浓度比内服大 2～3 倍，有效浓度持续时间也较长。排泄途径主要为肾脏和胆汁。主要用于防治鸡、火鸡和其他动物的支原体感染；牛的摩拉氏菌感染；猪的弧菌性痢疾、传染性胸膜肺炎；犬的结肠炎等。此外，也可用于浸泡种蛋以预防鸡支原体传播，以及猪的生长促进剂。欧盟从 2000 年开始禁用本品作为促生长剂。

【不良反应】本品毒性小。肌内注射时可导致局部刺激。注意本品不能与聚醚类抗生素合用，否则导致后者的毒性增强。

【用法与用量】 混饮，每升水，禽 500mg（效价）。连用 3～5d。蛋鸡产蛋期禁用，休药期 1d；猪 200～500mg（治疗弧菌性痢疾）。

混饲，每 1 000kg 饲料，猪 10～100g；鸡 4～50g。用于促生长，宰前 5d 停止给药。

内服，一次量，每千克体重，猪 7～10mg。每天 3 次，连用 5～7d。

肌内注射，一次量，每千克体重，牛 10～20mg；猪 5～13mg；猫 10mg。每天 1～2 次，连用 5～7d。

替米考星（Tilmicosim）

系由泰乐菌素的一种水解产物半合成的畜禽专用抗生素，药用其磷酸盐。

【作用】 本品具有广谱抗菌作用，对革兰氏阳性菌、某些革兰氏阴性菌、支原体、螺旋体等均有抑制作用；对胸膜肺炎放线杆菌、巴氏杆菌及畜禽支原体具有比泰乐菌素更强的抗菌活性。本品内服和皮下注射吸收快，但不完全，奶牛及奶山羊皮下注射的生物利用度分别为 22%及 8.9%。肺组织中的药物浓度高。具有良好的组织穿透力，能迅速而较完全地从血液进入乳房，乳中药物浓度高，维持时间长，乳中半衰期长达 1～2d。这种特殊的药动学特征尤其适合家畜肺炎和乳腺炎等感染性疾病的治疗。

本品禁止静脉注射，牛一次静脉注射 5mg/kg 即可致死，对猪、灵长类和马也易致死，其毒作用的靶器官是心脏，可引起负性心力效应。

【应用】 主要用于防治家畜肺炎（由胸膜肺炎放线杆菌、巴氏杆菌、支原体等感染引起）、禽支原体病及泌乳动物的乳腺炎。

【用法与用量】 混饮，每升水，鸡 100～200mg。连用 5d。用于鸡支原体病的治疗（蛋鸡除外）。

混饲，每 1 000kg 饲料，猪 200～400g。用于防治胸膜肺炎放线杆菌及巴氏杆菌引起的肺炎。

皮下注射，一次量，每千克体重，牛、猪 10～20mg。每天 1 次。

乳管内注入，一次量，每一乳室，奶牛 300mg。用于治疗急性乳腺炎。

吉他霉素（北里霉素、柱晶白霉素）（Kitasamycin）

系由链霉菌（*Streptomyces Kitasatoensis*）产生的抗生素，含有 A_1、A_2、A_3、B_1、B_2、B_3、B_4 和 B_0 等 8 种成分。其中，A_1 是最主要的成分。游离碱难溶于水，可供内服。酒石酸盐为白色至淡黄色结晶粉末，易溶于水，可供注射用。

【作用】 抗菌谱与红霉素相似。对革兰氏阳性菌有较强的抗菌作用，但较红霉素弱；对耐药金黄色葡萄球菌的效力强于红霉素，对某些革兰氏阴性菌、支原体和立克次氏体也有抗菌作用。葡萄球菌对本品产生耐药性的速度比红霉素慢，对大多数耐青霉素和红霉素的金黄色葡萄球菌有效是本品的特点。

主要用于革兰氏阳性菌（包括耐药金黄色葡萄球菌）所致的感染、支原体病及猪的弧菌性痢疾等。此外，还用作猪、鸡的饲料添加剂，促进生长和提高饲料转化率。

【用法与用量】 混饮，每升水，鸡 250～500mg（效价）。蛋鸡产蛋期禁用，肉鸡休药期 7d。猪 100～200mg。连用 3～5d。

混饲，每1 000kg饲料，猪5.5～50g；鸡5.5～11g（用于促生长）。宰前7d停止给药。

内服，一次量，每千克体重，猪20～30mg；鸡20～50mg。每天2次，连用3～5d。

螺旋霉素（Spiramycin）

系由链霉菌（*Streptomycin ambofaciens*）培养液中获得的抗生素。游离碱微溶于水，其盐可溶于水。

【作用与应用】抗菌谱与红霉素相似，但效力较红霉素差。本品与红霉素、泰乐菌素之间有部分交叉耐药性。

主要用于防治葡萄球菌感染和支原体病，如慢性呼吸道病和肺炎等。本品曾用作猪的饲料药物添加剂。欧盟从2000年开始，禁用本品做促生长剂。

【用法与用量】混饮，每升水，禽400mg（效价）。连用3～5d。

内服，一次量，每千克体重，马、牛8～20mg；猪、羊20～100mg；禽50～100mg。每天1次，连用3～5d。

皮下或肌内注射，一次量，每千克体重，马、牛4～10mg；猪、羊10～50mg；禽25～55mg。每天1次，连用3～5d。

（六）林可胺类抗生素

林可霉素（洁霉素）（Lincomycin）

系由链霉菌（*Streptomyces lincolnensis*）产生的抗生素。药用其盐酸盐，为白色结晶性粉末。在水或甲醇中易溶，在乙醇中略溶。20%水溶液的pH为3.0～5.5；性质较稳定。

【作用】抗菌谱与大环内酯类相似。对革兰氏阳性菌如葡萄球菌、溶血性链球菌和肺炎球等有较强的抗菌作用，对破伤风梭菌、产气荚膜芽孢杆菌、支原体也有抑制作用；对革兰氏阴性菌无效。

本品内服吸收不完全，猪内服的生物利用度为20%～50%，约1h血药浓度达峰值。肌内注射吸收良好，0.5～2h可达血药峰浓度。广泛分布于各种体液和组织中，包括骨骼，可扩散进入胎盘。肝和肾中的组织药物浓度最高，但脑脊液即使在炎症时也达不到有效浓度。内服给药，约50%的林可霉素在肝脏中代谢，代谢产物仍具有活性。原药及代谢物在胆汁、尿与乳汁中排出，在粪中可继续排出数日，以致敏感微生物受到抑制。

【不良反应】大剂量内服有胃肠道反应。肌内给药有疼痛刺激，或吸收不良。家兔对本品敏感，易引起严重反应或死亡，不宜使用。

【应用】用于敏感的革兰氏阳性菌，尤其是金黄色葡萄球菌（包括耐药金黄色葡萄球菌）、链球菌和厌氧菌的感染，以及猪和鸡的支原体病。本品与大观霉素合用，对鸡支原体病或大肠杆菌病的效力超过单一药物。

【用法与用量】内服，一次量，每千克体重，马、牛6～10mg；羊、猪10～15mg；犬、猫15～25mg。每天1～2次。

混饮，每升水，猪100～200mg（效价）；鸡200～300mg。连用3～5d。蛋鸡产蛋期禁用。宰前5d停止给药。

肌内注射，一次量，每千克体重，猪10mg，每天1次；犬、猫10mg，每天2次。连用3～5d。猪休药期为2d。

克林霉素（氯林可霉素、氯洁霉素，Clindamycin）

克林霉素（Clindamycin）为林可霉素7位去羟基为氯取代的化合物。其盐酸盐为白色或类白色结晶性粉末。易溶于水。本品的盐酸盐、棕榈酸酯盐酸盐供内服用，磷酸酯供注射用。

【作用与应用】抗菌作用、应用与林可霉素相同。抗菌效力比林可霉素强4～8倍。

克林霉素内服吸收比林可霉素好，达峰时间比林可霉素快。犬静脉注射的半衰期为3.2h；肌内注射的生物利用度为87%。分布和代谢特征与林可霉素相似，但血浆蛋白结合率高，可达90%。

【用法与用量】内服或肌内注射，一次量，每千克体重，犬、猫10mg。每天2次。

（七）多肽类抗生素

本类抗生素包括多黏菌素和杆菌肽。多黏菌素系由多黏芽孢杆菌（*Bacillus polymyxa*）的培养液中提取获得的，有A、B、C、D、E和M等6种成分。兽医临床应用的有多黏菌素B和多黏菌素E两种。

多黏菌素B（Polymycin B）

其硫酸盐为白色结晶性粉末。易溶于水，有引湿性。在酸性溶液中稳定，其中性溶液在室温放置1周不影响效价，碱性溶液中不稳定。

【作用与应用】本品为窄谱杀菌剂，对革兰氏阴性杆菌的抗菌活性强。主要敏感菌有大肠杆菌、沙门氏菌、巴氏杆菌、布鲁氏菌、弧菌、痢疾杆菌和绿脓杆菌等。尤其对绿脓杆菌具有强大的杀菌作用。细菌对本品不易产生耐药性，但与黏菌素之间有交叉耐药性。本类药物与其他抗菌药物间没有交叉耐药性。

主要用于革兰氏阴性杆菌的感染，如绿脓杆菌和大肠杆菌感染等。内服不吸收，可用于治疗犊牛、仔猪的肠炎和下痢等；局部应用，可治疗创面、眼、耳和鼻部的感染等。本品与增效磺胺药、四环素类合用时，可产生协同作用。本品易引起肾脏和神经系统的毒性反应。现多作局部应用。

【用法与用量】内服，一次量，每千克体重，犊牛0.5万～1万IU。每天2次；仔猪2 000～4 000IU。每天2～3次。

黏菌素（多黏菌素E、抗敌素）（Colistin）

其硫酸盐为白色或微黄色粉末。有引湿性。在水中易溶，在乙醇中微溶。

【作用与应用】抗菌谱和药动学特征与多黏菌素B相同。内服不吸收，用于治疗畜禽的大肠杆菌性下痢和对其他药物耐药的菌痢。外用于烧伤和外伤引起的绿脓杆菌局部感染和眼、耳、鼻等部位敏感菌的感染。

【用法与用量】内服，一次量，每千克体重，犊牛、仔猪1.5～5mg；家禽3～8mg。每天1～2次。

混饮，每升水，猪40～100mg；鸡20～60mg（效价）。连用5d。宰前7d停止给药。

混饲（用于促生长），每1 000kg饲料，牛（哺乳期）5～40g；猪（哺乳期）2～40g；

仔猪、鸡 2～20g（效价）。宰前 7d 停止给药。

乳管内注入，每一乳室，奶牛 5～10mg。

子宫内注入，牛 10mg。每天 1～2 次。

杆菌肽（Bacitracin）

系由苔藓样杆菌（*Bacillus licheniformis*）培养液中获得。为白色或淡黄色粉末。具吸湿性。易溶于水和乙醇。本品的锌盐为灰色粉末，不溶于水，性质较稳定。

【作用与应用】对革兰氏阳性菌有杀菌作用，包括耐药的金黄色葡萄球菌、肠球菌和链球菌，对螺旋体和放线菌也有效；但对革兰氏阴性杆菌无效。本品的抗菌作用不受环境中脓、血、坏死组织或组织渗出液的影响。

内服几乎不吸收，大部分在 2d 内随粪便排出。连续按 0.1%的浓度混料饲喂蛋鸡 5 个月、肉鸡 8 周、火鸡 15 周，按 0.05%的浓度混料饲喂猪 4 个月，在肌肉、脂肪、皮肤、胆汁和血液中几乎无药物残留。肌内注射易吸收，但对肾脏毒性大，不宜用于全身感染的治疗。

本品的锌盐专门用作饲料添加剂。临床上还可局部应用于革兰氏阳性菌所致的皮肤、伤口感染、眼部感染和乳腺炎等。欧盟从 2000 年开始，禁用本品做促生长剂。

【用法与用量】混饲，每 1 000kg 饲料，3 月龄以下犊牛 10～100g，3～6 月龄 4～40g；4 月龄以下猪 4～40g；16 周龄以下禽 4～40g（以杆菌肽计）。

（八）其他抗生素

泰妙菌素（泰妙灵、支原净）（Tiamulin）

系由伞菌科北风菌（*Pleurotus mutilus*）培养液中提取获得。本品的延胡索酸盐为白色或类白色结晶粉末。无臭，无味。在乙醇中易溶，在水中溶解。

【作用与应用】抗菌谱与大环内酯类相似。对革兰氏阳性菌（如金黄色葡萄球菌和链球菌）、支原体（如鸡败血支原体和猪肺炎支原体）、猪胸膜肺炎放线杆菌及猪密螺旋体等有较强的抗菌作用。

本品内服生物利用度高（>90%），在 2～4h 血药浓度达高峰，体内分布广泛。每千克饲料加入本品 220mg，给猪饲喂，肺、结肠黏膜、结肠内容物的药物浓度分别达 1.99、1.57、8.05μg/mL；120mg/L 混饮，肺、结肠黏膜、结肠内容物的药物浓度分别达 4.26、1.56、5.59μg/mL。主要从胆汁中排泄。

本品主要用于防治鸡慢性呼吸道病、猪喘气病、传染性胸膜肺炎和猪密螺旋体性痢疾等。

【不良反应】本品能影响莫能菌素、盐霉素等的代谢，合用时导致中毒，引起鸡生长迟缓、运动失调、麻痹瘫痪，直至死亡。因此，禁止本品与聚醚类抗生素合用。

【用法与用量】混饮，每升水，猪 90～120mg；鸡 125～250mg。连用 3～5d。

混饲，每 1 000kg 饲料，猪 40～100g。连用 5～10d。

二、磺胺类及其增效剂

自从 1935 年发现第一个磺胺类药物——百浪多息以来，已有 80 多年的历史，先后合成的这类药约 8 500 种，而临床上常用的不过 20 多种。虽然 20 世纪 40 年代以后，各类抗生素的不断发现和发展，在临床上逐渐取代了磺胺类。但磺胺类药物仍具有其独特的优点：抗菌谱较广、性质稳定、使用方便、价格低廉和不消耗粮食等。特别是甲氧苄啶和二甲氧苄啶等抗菌增效剂的发现，使磺胺药与抗菌增效剂联合使用后，抗菌谱扩大，抗菌活性大大增强，可从抑菌作用变为杀菌作用。因此，磺胺类药至今仍为畜禽抗感染治疗中的重要药物之一。

（一）磺胺类药物

【理化性质】 磺胺类药一般为白色或淡黄色结晶性粉末。在水中溶解度差，易溶于稀碱溶液中。制成钠盐后易溶于水，水溶液呈碱性。钠盐可供注射用。

【分类】 磺胺类药物的基本化学结构是对氨基苯磺酰胺（简称磺胺）（图 3－3）。

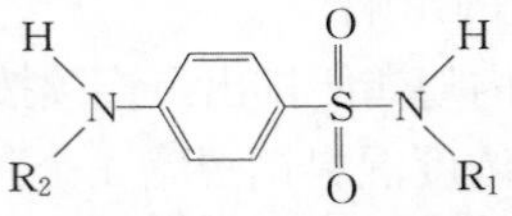

图 3－3　对氨基苯磺酰胺的基本化学结构

R 代表不同的基团，由于所引入的基团不同，因此，就合成了一系列的磺胺类药物。

磺胺类药物分类，根据内服后的吸收情况可分为肠道易吸收、肠道难吸收及外用等三类（表 3－14）。

表 3－14　常用磺胺类药的分类与简称

药名	简称
肠道易吸收的磺胺药	
磺胺噻唑（Sulfathiazole）	ST
磺胺嘧啶（Sulfadiazine）	SD
磺胺二甲嘧啶（Sulfadimidine；Sulfamethazine）	SM_2
磺胺甲噁唑（新诺明，新明磺，Sulfamethoxazole）	SMZ
磺胺对甲氧嘧啶（磺胺-5-甲氧嘧啶，消炎磺，Sulfamethoxydiazine）	SMD
磺胺间甲氧嘧啶（磺胺-6-甲氧嘧啶，制菌磺，Sulfamonomethoxine）	SMM；DS-36
磺胺地索辛（磺胺-2,6-二甲氧嘧啶，Sulfadimethoxine）	SDM
磺胺多辛（磺胺-5,6-二甲氧嘧啶，周效磺胺，Sulfadoxine，Sulfadimoxine）	SDM′
磺胺喹噁啉（Sulfaquinoxaline）	SQ
肠道难吸收的磺胺药	
磺胺脒（Sulfamidine）	SM；SG
酞磺胺噻唑（羧苯甲酰磺胺噻唑，Phthalylsulfathiazole，Sulfathalidine）	PST
酞磺醋胺（Phthalylsulfacetamide）	PSA
琥珀酰磺胺噻唑（琥磺胺噻唑，琥磺噻唑，Sulfasuxlidine；Succinylsulfathiazole）	SST
外用磺胺药	
磺胺醋酰钠（Sulfacetamide Sodium）	SA-Na
醋酸磺胺米隆（甲磺灭脓，Mafenide Acetate，Sulfamylon）	SML
磺胺嘧啶银（烧伤宁，Sulfadiazine Silver）	SD-Ag

【抗菌谱】磺胺类属广谱慢作用型抑菌药。对大多数革兰氏阳性菌和部分革兰氏阴性菌有效，甚至对衣原体和某些原虫也有效。对磺胺类较敏感的病原菌有链球菌、肺炎球菌、沙门氏菌、化脓棒状杆菌、大肠杆菌和副鸡嗜血杆菌等；一般敏感的有葡萄球菌、变形杆菌、巴氏杆菌、产气荚膜杆菌、克雷伯杆菌、炭疽杆菌和绿脓杆菌等。某些磺胺药还对球虫、卡氏白细胞虫、疟原虫和弓形体等有效，但对螺旋体、立克次氏体和结核杆菌等无作用。

不同磺胺类药物对病原菌的抑制作用也有差异。一般来说，其抗菌作用强度的顺序为：SMM＞SMZ＞SD＞SDM＞SMD＞SM_2＞SDM′。血中最低有效药物浓度为50μg/mL，严重感染时则需100～150μg/100mL。

【药动学】

1. 吸收 各种内服易吸收的磺胺，其生物利用度大小因药物和动物种类而有差异。其顺序分为：SM_2＞SDM′＞SD；禽＞犬＞猪＞马＞羊＞牛。一般而言，肉食动物内服后3～4h，血药达峰浓度；草食动物为4～6h；反刍动物为12～24h。尚无反刍机能的犊牛和羔羊，其生物利用度与肉食、杂食的单胃动物相似。

2. 分布 磺胺类药物吸收后分布于全身各组织和体液中。以血液、肝、肾含量较高，神经、肌肉及脂肪中的含量较低，可进入乳腺、胎盘、胸膜、腹膜及滑膜腔。吸收后，大部分与血浆蛋白结合。磺胺类以SD与血浆蛋白的结合率较低，因而进入脑脊液的浓度较高（为血药的50%～80%），故可作为脑部细菌感染的首选药。

3. 代谢 磺胺类药主要在肝脏代谢，引起多种结构的变化。其中，最常见的方式是对位氨基（R_2）的乙酰化。此外，还有与葡萄糖醛酸结合、羟化（羊、牛）和氧化（反刍兽）等方式。

磺胺乙酰化后失去抗菌活性，但保持原有磺胺的毒性。除SD等R_1位有嘧啶环的磺胺药外，其他乙酰化磺胺的溶解度普遍下降，增加了对肾脏的毒副作用。肉食及杂食动物，由于尿中酸度比草食动物为高，较易引起磺胺及乙酰磺胺的沉淀，导致结晶尿的产生，损害肾功能。若同时内服碳酸氢钠碱化尿液，则可提高其溶解度，促进从尿中排出。

4. 排泄 内服肠道难吸收的磺胺类主要随粪便排出；肠道易吸收的磺胺类主要通过肾脏排出。少量由乳汁、消化液及其他分泌液排出。经肾排出的部分以原形，部分以乙酰化物和葡萄糖醛酸结合的形式。其中，大部分经肾小球滤过，小部分由肾小管分泌。到达肾小管腔内的药物，有一小部分被肾小管重吸收。凡重吸收少者，排泄快，半衰期短，有效血药浓度维持时间短（如SD）；而重吸收多者，排泄慢，半衰期明显延长，毒性可能增加，临床使用时应注意。治疗泌尿道感染时，应选用乙酰化率低、原形排出多的磺胺药，如SMM、SMD。

【耐药性】细菌对磺胺类易产生耐药性，尤以葡萄球菌易产生，大肠杆菌、链球菌等次之。产生的原因可能是细菌改变了代谢途径，如产生了较多的对氨基苯甲酸（PABA），或二氢叶酸合成酶结构改变，或者直接利用外源性叶酸。各磺胺药之间可产生程度不同的交叉耐药性，但与其他抗菌药之间无交叉耐药现象。

【临床应用】

1. 全身感染 常用药有SD、SM_2、SMZ、SMD和SDM等，可用于巴氏杆菌病、乳腺炎、子宫内膜炎、腹膜炎、败血症和呼吸道、消化道及泌尿道感染；对马腺疫和坏死杆菌病，牛传染性腐蹄病，猪萎缩性鼻炎、链球菌病、仔猪水肿病和弓形体病，羔羊多发性关节炎，兔葡萄球菌病，鸡传染性鼻炎、禽霍乱、副伤寒和球虫病等均有效。一般与TMP合用，可提高疗效，缩短疗程。对于病情严重病例或首次用药，则可以考虑用钠盐肌内注射或静脉注射给药。

2. 肠道感染 选用肠道难吸收的磺胺类，如SG、PST和SST等为宜。可用于仔猪黄痢及畜禽白痢和大肠杆菌病等的治疗。常与二甲氧苄啶（DVD）合用以提高疗效。

3. 泌尿道感染 选用抗菌作用强、尿中排泄快、乙酰化率低、尿中药物浓度高的磺胺药，如SMM、SMD和SM_2等。与TMP合用，可提高疗效，克服或延缓耐药性的产生。

4. 局部软组织和创面感染 选外用磺胺药，如SD-Ag等。SD-Ag对绿脓杆菌的作用较强，且有收敛作用，可促进创面干燥结痂。

5. 原虫感染 选用SQ、磺胺氯吡嗪、SM_2、SMM和SDM等，用于禽、兔球虫病、鸡卡氏白细胞虫病和猪弓形体病等。

6. 其他 治疗脑部细菌性感染，宜采用在脑脊液中含量较高的SD；治疗乳腺炎宜采用在乳汁中含量较多的SM_2。

【不良反应】

1. 急性中毒 多见于静脉注射磺胺类钠盐时，速度过快或剂量过大。表现为神经症状，如共济失调、痉挛性麻痹、呕吐、昏迷、食欲降低和腹泻等。严重者迅速死亡。牛、山羊还可见视物障碍、散瞳。雏鸡中毒出现大批死亡。

2. 慢性中毒 见于剂量较大或连续用药超过1周以上，主要症状为：难溶解的乙酰化物结晶损伤泌尿系统，出现结晶尿、血尿和蛋白尿等；抑制胃肠道菌群，导致消化系统障碍和草食动物的多发性肠炎等；破坏造血机能，出现溶血性贫血、凝血时间延长和毛细血管渗血；幼畜及幼禽免疫系统抑制、免疫器官出血及萎缩；家禽慢性中毒时，见增重减慢，蛋鸡产蛋率下降，蛋破损率和软蛋率增加。

为了防止磺胺类药的不良反应，除严格掌握剂量与疗程外，可采取下列措施：充分饮水，以增加尿量、促进排出；选用疗效高、作用强、溶解度大、乙酰化率低的磺胺类药；幼畜、杂食或肉食动物使用磺胺类时，宜与碳酸氢钠同服，以碱化尿液，促进排出；蛋鸡产蛋期禁用磺胺药。

【制剂、用法与用量】

1. 磺胺噻唑片与磺胺噻唑钠注射液 内服，一次量，每千克体重，家畜首次量140～200mg，维持量70～100mg。每天2～3次。

静脉或肌内注射，一次量，每千克体重，家畜50～100mg。每天2～3次。

2. 磺胺嘧啶片与磺胺嘧啶钠注射液 内服，一次量，每千克体重，家畜首次量140～200mg，维持量70～100mg。每天2次。

静脉或肌内注射，一次量，每千克体重，家畜50～100mg。每天1～2次。

3. 磺胺二甲嘧啶片与磺胺二甲嘧啶钠注射液 内服，一次量，每千克体重，家畜首次量140～200mg，维持量70～100mg。每天1～2次。

静脉或肌内注射，一次量，每千克体重，家畜50～100mg。每天1～2次。

4. 磺胺甲噁唑片 内服，一次量，每千克体重，家畜首次量50～100mg，维持量

25～50mg。每天2次。

5. 磺胺对甲氧嘧啶片 内服，一次量，每千克体重，家畜首次量50～100mg，维持量25～50mg。每天1～2次。

6. 磺胺间甲氧嘧啶片与磺胺间甲氧嘧啶钠注射液 内服，一次量，每千克体重，家畜首次量50～100mg，维持量25～50mg。每天1～2次。

静脉或肌内注射，一次量，每千克体重，家畜50mg。每天1～2次。

7. 磺胺地索辛片 内服，一次量，每千克体重，家畜首次量50～100mg，维持量25～50mg。每天1～2次。

8. 磺胺多辛片 内服，一次量，每千克体重，家畜首次量50～100mg，维持量25～50mg。每天1～2次。

9. 磺胺喹噁啉钠可溶性粉 混饮，每升水，禽300～500mg（以磺胺喹噁啉钠计）。蛋鸡产蛋期禁用。肉鸡宰前10d停止给药。

10. 磺胺氯吡嗪钠可溶性粉 混饮，每升水，肉鸡和火鸡300mg（以磺胺氯吡嗪钠计）。

混料，每1 000kg饲料，肉鸡、火鸡、兔600g。连用3～5d。蛋鸡产蛋期禁用。火鸡宰前4d、肉鸡宰前1d停止给药。

11. 磺胺脒片 内服，一次量，每千克体重，家畜100～200mg。每天2次。

12. 酞磺胺噻唑片 内服，一次量，每千克体重，家畜100～150mg。每天2次。

13. 酞磺醋胺片 内服，一次量，每千克体重，家畜100～200mg。每天2次。

14. 琥珀酰磺胺噻唑片 一次量，每千克体重，家畜100～200mg。每天2次。

15. 磺胺醋酰钠 15%的滴眼液，用于治疗眼部感染。

16. 醋酸磺胺米隆 外用，5%～10%的溶液湿敷。

17. 磺胺嘧啶银 外用，撒布于创面或配成2%的混悬液湿敷。

（二）抗菌增效剂

因能增强磺胺药和多种抗生素的疗效，故称为抗菌增效剂。它们是人工合成的二氨基嘧啶类。国内常用甲氧苄啶和二甲氧苄啶两种，后者为动物专用品种。国外应用的还有奥美普林（Ormetoprim，OMP，二甲氧甲基苄啶）、阿地普林（Aditoprim，ADP）及巴喹普林（Baquiloprim，BQP）。

甲氧苄啶（甲氧苄氨嘧啶、三甲氧苄氨嘧啶）

甲氧苄啶（Trimethoprim，TMP）为白色或淡黄色结晶性粉末。味微苦。在乙醇中微溶，水中几乎不溶，在冰醋酸中易溶。

【药理作用】 抗菌谱广，与磺胺类相似而效力较强。对多种革兰氏阳性菌及阴性菌均有抗菌作用，其中，较敏感的有溶血性链球菌、葡萄球菌、大肠杆菌、变形杆菌、巴氏杆菌和沙门氏菌等。但对绿脓杆菌、结核杆菌、丹毒杆菌和钩端螺旋体无效。单用易产生耐药性，一般不单独做抗菌药使用。

本品与磺胺药合用时，抗菌作用增强数倍至近百倍，甚至使抑菌作用变为杀菌作用，故称“抗菌增效剂”。不但可减少细菌耐药性的产生，而且对磺胺药耐药的大肠杆菌、变形杆菌和化脓链球菌等也有作用。此外，TMP还可增强多种抗生素（如四环素、庆大霉素等）的抗菌作用。TMP 内服吸收迅速而完全，1～2d 血药浓度达高峰。本品脂溶性较高，广泛分布于各组织和体液中，并超过血中浓度，血浆蛋白结合率 30%～40%。主要从尿中排出，3d 内约排出剂量的 80%，其中，6%～15%以原形排出。尚有少量从胆汁、唾液和粪便中排出。

【临床应用】 常以 1∶5 比例与 SMD、SMM、SMZ、SD、SM_2 和 SQ 等磺胺药合用。

含 TMP 的复方制剂主要用于链球菌、葡萄球菌和革兰氏阴性杆菌引起的呼吸道、泌尿道感染及蜂窝织炎、腹膜炎、乳腺炎和创伤感染等。也用于幼畜肠道感染、猪萎缩性鼻炎和猪传染性胸膜肺炎。对家禽大肠杆菌病、鸡白痢、鸡传染性鼻炎、禽伤寒及霍乱等，均有良好的疗效。

【不良反应】 毒性低，副作用小，偶尔引起白细胞和血小板减少等。但孕畜和初生仔畜应用易引起叶酸摄取障碍，宜慎用。

【制剂、用法与用量】 复方磺胺嘧啶预混剂（Compound Sulfadiazine Premix，SD+TMP）：混饲，一次量，每千克体重，猪 15～30mg（以磺胺嘧啶计）；鸡 25～30mg。每天 2 次，连用 5d。蛋鸡产蛋期禁用。猪宰前 5d、肉鸡宰前 10d 停止给药。

复方磺胺嘧啶混悬液（Compound Sulfadiazine Suspension，SD+TMP）：混饮，每升水，鸡 160～320mg（以磺胺嘧啶计）。连用 5d。蛋鸡产蛋期禁用。肉鸡宰前 1d 停止给药。

复方磺胺嘧啶钠注射液（Compound Sulfadiazine Sodium Injection，SD+TMP）：肌内注射，一次量，每千克体重，家畜 20～30mg（以磺胺嘧啶钠计）。每天 1～2 次。

复方磺胺甲噁唑片（Compound Sulfamethoxazole Tablets，SMZ+TMP）：内服，一次量，每千克体重，家畜 20～25mg（以磺胺甲噁唑计）。每天 2 次。

复方磺胺对甲氧嘧啶片（Compound Sulfamethoxydiazine Tablets，SMZ+TMP）：内服，一次量，每千克体重，家畜 20～25mg（以磺胺对甲氧嘧啶计）。每天 1～2 次。

复方磺胺对甲氧嘧啶钠注射液（Compound Sulfamethoxydiazine Sodium Injection，SMZ+TMP）：肌内注射，一次量，每千克体重，家畜 15～20mg（以磺胺对甲氧嘧啶钠计）。每天 1～2 次。

复方磺胺氯达嗪钠粉（Compound Sulfamethoxydiazine Sodium Powder）：内服，一次量，每千克体重，猪、鸡 20～25mg（以磺胺氯达嗪钠计）。每天 1～2 次。蛋鸡产蛋期禁用。猪宰前 3d、肉鸡宰前 1d 停止给药。

复方磺胺喹噁啉钠可溶性粉（Compound Sulfaquinoxaline Sodium Soluble Powder）：混饮，每升水，禽 150mg（以磺胺喹噁啉钠计）。连用 5～7d。蛋鸡产蛋期禁用，肉鸡宰前 10d 停止给药。

二甲氧苄啶（二甲氧苄氨嘧啶）

二甲氧苄啶（Diaveridine，DVD）为白色或微黄色结晶性粉末。味微苦。在水、乙醇中不溶，在盐酸中溶解，在稀盐酸中微溶。

【作用与应用】 抗菌作用比 TMP 弱。内服吸收很少，其最高血药浓度为 TMP 的1/5，在胃肠道内的浓度较高，主要从粪便中排出，故用作肠道抗菌增效剂比 TMP 优越。常以 1∶5 比例与 SQ 等合用。含 DVD 的复方制剂主要用于防治禽、兔球虫病及畜禽肠道感染等。DVD单独应用时，也具有防治球虫的作用。

【制剂、用法与用量】磺胺喹噁啉、二甲氧苄啶预混剂（Sulfaquinoxaline and Diaveridine Premix）（Prontosil）：混饲，每1 000kg饲料，禽100g（以磺胺喹噁啉计）。连续喂用3～5d。蛋鸡产蛋期禁用。肉鸡宰前10d停止给药。

三、抗菌药物的合理应用

抗菌药物虽可防病治病，但也可引起各种不良反应。抗菌药物与多数药物一样，几乎每一品种均带有一定的毒性，用得合理即为“药”，用得不恰当反成“毒”。抗菌药物不仅对动物可导致毒性反应、变态反应和三重感染，也可影响细菌间的生态平衡，导致某些条件致病菌过度繁殖，和引起某些细菌因此而产生耐药现象。合理使用尚且会有一定的不良反应，不合理使用自将造成更多和更严重的后果。

不合理使用抗菌药物，大致有下列几种情况：①选用对病原体或感染无效或疗效不强的药物；②剂量不足或过大；③用于无细菌并发症的病毒感染；④病原体产生耐药后继续用药；⑤过早停药或感染控制已多日而不及时停药；⑥产生耐药菌二重感染时未改用其他药物；⑦给药途径不正确；⑧发生严重毒性或过敏性反应时继续用药；⑨应用不恰当的抗菌药物组合；⑩过分依赖抗菌药物的防治作用而忽略必需的外科处理；⑪无指征或指征不强的预防用药。

合理使用抗菌药物，系指在明确指征下选用适宜的抗菌药物，并采用适当的剂量和疗程，以达到杀灭致病微生物和/或控制感染的目的；同时，采用各种相应措施以增强患者的免疫力，并防止各种不良反应的发生。这里涉及的问题很多，如应用抗菌药物及其各种联合的适应证、抗菌药物不良反应的防治和细菌耐药性的变迁情况、特殊情况（肝肾功能减退时、老龄、幼龄、妊娠、免疫缺陷和难治性感染）下抗菌药物的应用等。这里将主要讨论临床应用抗菌药物的基本原则和抗菌药物的治疗性应用（包括经验用药）。

（一）临床应用抗菌药物的基本原则

1. 及早确立感染性疾病的病原诊断 确立正确诊断为合理使用抗菌药物的先决条件，应尽一切努力分离出致病微生物（主要为细菌）。分离出和鉴定病原菌后，必须做细菌药物敏感度试验（药敏），有条件的单位宜同时测定联合药敏。联合药敏对免疫缺陷者伴发感染时有重要意义，选用体外表现出协同作用的联合给药方案，可望提高疗效。

2. 熟悉选用药物的适应证、抗菌活性、药动学和不良反应 在药敏结果未知晓前或病原菌未能分离而诊断相当明确者，可先进行经验治疗。选用药物时，应结合其抗菌活性、药动学、不良反应、药源和价格等而综合考虑。药敏结果获知后是否调整用药，仍应以经验治疗后的临床效果为主要依据。

因抗菌药物各品种在适应证、抗菌活性、药动学（吸收、分布、代谢、排泄、血药半衰期和各给药途径的生物利用度等）、药效学和不良反应等方面存在着显著差异，因此，即使是同类（青霉素、头孢菌素类、氨基糖苷类、大环内酯类、喹诺酮类和咪唑类等）或同代（第一、二、三代头孢菌素和喹诺酮类等）之间也不宜彼此混用或换用。

3. 按照患者的生理、病理和免疫等状态而合理用药 新生仔畜体内酶系发育不完全，血浆蛋白结合药物的能力较弱，肾小球滤过率较低（尤以β-内酰胺类和氨基糖苷类的排泄较慢），故按体重计算抗菌药物用量后，其血药（特别是游离部分）浓度比成年动物为高，因此，宜按日龄而调整剂量或给药间期。

老龄动物的血浆白蛋白减少是普遍现象，肾功能也随年龄增长而日益减退，致采用同量抗菌药物后血药浓度较青壮年为高，血药半衰期也有延长。故老龄动物应用抗菌药物，特别是肾毒性较强的氨基糖苷类等时，用量宜偏小，并根据肾功能情况给予调整，如能定期监测血药浓度则更为妥当。

孕畜肝脏易遭受药物的损伤，宜避免采用四环素类（静脉滴注较大量尤易引起肝脂肪变性）。氨基糖苷类可进入胎儿循环中，孕畜应用后有损及胎儿听力的可能，故应慎用或避免使用。

肾功能减退时，下列抗菌药物应避免使用、慎用、减量或延长给药间期：①四环素类、磺胺药和氯霉素等不宜应用；②青霉素类（苯唑西林除外）、两性霉素 B 和林可霉素类等在肾功能中度减退时剂量宜略减少；③头孢菌素类、氨基糖苷类和多黏菌素类等按肾功能减退程度而调整给药方案，有条件时进行血药浓度监测。

4. 下列情况下，抗菌药物的应用要严加控制或尽量避免

（1）预防用药日渐增多，但有明确指征者仅限于少数情况。近年来，外科术前预防用药的范围有所增大，但大多为术前一次肌内注射或静脉注射头孢唑啉等。不适当的预防用药不仅徒劳无益，反可引起耐药菌的继发感染。

（2）皮肤和黏膜等局部应用抗菌药物应尽量避免，因易引起耐药菌产生或变态反应。宜多采用主要供局部应用的抗菌药物，如新霉素、杆菌肽和磺胺醋酰钠等。

（3）病毒性感染和发热原因不明者，除并发细菌感染或病情危急外，不要轻易采用抗菌药物。

（4）联合采用抗菌药物必须有明确的指征，如病因未明的严重感染、单一抗菌药物不能控制的严重感染、免疫缺陷者伴发严重感染、多种细菌引起的混合感染、较长期用药细菌有可能产生耐药者、联合后毒性较强药物的用量可以减少者和可以肯定获得协同作用者等。

5. 常用抗菌药物正确选用

（1）青霉素 G 虽是第一个发现的抗生素，但至今仍是很多感染如流行性脑脊髓膜炎、炭疽、气性坏疽、除脆弱类杆菌外的厌氧菌感染、钩端螺旋体病、肺炎球菌和β溶血性链球菌感染等的首选药物。如致病菌对本品敏感，则大多数β-内酰胺类包括新发现的品种在内，均难与其抗菌活性相匹敌。

（2）四环素类和氯霉素由于耐药菌株逐年增长，两者的应用范围以往明显缩小。四环素宜用于立克次氏体病、布鲁氏菌病、支原体感染以及少数敏感菌株所致的各种感染。氯霉素宜用于包括伤寒在内的沙门菌属感染、厌氧菌感染、立克次氏体病和敏感菌所致的脑膜炎等。两者用于尿路感染和呼吸道感染等则常无效。

（3）大环内酯类宜用于轻、中度感染，如皮肤软组织感染、支原体感染、衣原体感染和呼吸道感染等。

（4）氨基糖苷类由于具耳肾毒性，宜用于严重革兰氏阴性杆菌感染等，一般与β-内酰胺类合用。不宜作为轻症感染或尿路感染的首选药物。

（5）头孢菌素类除第一代、某些第二代以及口服制剂外，一般并非首选药物。

（6）处理尿路感染、肠道感染和轻中度呼吸道感染等时，宜先选用口服制剂，如复方

SMZ-TMP、复方 SD-TMP 以及氟喹诺酮类等。

6. 选用适当的给药方案、剂量和疗程 各种给药途径各有其优点及应用指征。宜按药动学参数制订给药方案，通常每 3～4 个血药半衰期给药 1 次。1 日量一般分 2～4 次平均给药，即每 6～12h 给药 1 次。剂量过大、过小均不相宜。抗菌药物一般宜继续应用至体温正常、症状消退后 3～4d，如临床效果欠佳，急性感染在用药后 48～72h 应考虑调整。

7. 强调综合性治疗措施的重要性 在应用抗菌药物治疗细菌感染的过程中，必须充分认识到机体免疫力的重要性，过分依赖抗菌药物的功效而忽视机体内在因素，常是抗菌药物治疗失败的重要原因之一。因此，在应用抗菌药物的同时，必须尽最大努力使机体全身状况有所改善，各种综合性措施如纠正水、电解质和酸碱平衡失调，改善循环，补充血容量，处理原发病和局部病灶等。

（二）抗菌药物的治疗性应用

1. 确定临床诊断为应用抗菌药物的先决条件 抗菌药物无一不伴有不良反应，如青霉素类的过敏反应，特别是过敏性休克、氨基糖苷类的耳肾毒性、氯霉素的再生障碍性贫血等，常可导致患病动物死亡或残废。有指征而用药，虽冒一定危险也无可非议，但如指征不明或感染轻微而用毒性较强的药物，则必然弊多于利，甚至发生较严重的后果。

抗菌药物的治疗性应用必须有明确的适应证，也即需有较肯定的临床诊断，最好能有病原微生物的证实。临床上很多细菌性疾病系由固定种属所引起，如立克次氏体病、伤寒、布鲁氏菌病和炭疽等，确立临床诊断后即可获知其病原，且这些病原微生物对某些抗菌药物常具敏感性；但也有一些疾病如肺炎、败血症和尿路感染等，其病原微生物常有多种，而各微生物间的药敏没有很大差别，因而有经验者也难免发生用药失当。在有条件的医疗单位中，对严重而危及生命的一些感染如败血症等，应尽一切努力找到病原微生物，并在抗菌药物应用前送血作培养，然后按经验治疗给药。分离出病原微生物后迅速检测其药敏，再根据结果调整用药。对中轻症感染如伤口感染、尿路感染和呼吸道感染等，虽实验室结果不如上述者急需，但仍应检出病原微生物并做药敏试验，以供选用抗菌药物时参考。如无实验室设备或病情危急，必须立即处理时，可推测最可能的病原进行经验治疗。

2. 抗菌药物的适应证 抗菌药物依据其体外抗菌活性、药动学参数、不良反应发生率、临床应用效果、细菌耐药性以及药物供应、价格等方面，而被评定为不同病原微生物感染和感染性疾病的首选药物和可选药物，此即所谓“经验治疗”。这里仅对常见致病微生物所致感染的抗菌药物选用进行简单介绍（表 3－15）。

表 3－15 抗菌药物的临床选用

病原微生物	所致主要疾病	首选药物	可选药物（简写）
革兰氏阳性菌			
金黄色葡萄球菌	化脓创，鸡、兔葡萄球菌病，奶牛乳腺炎等	青霉素	红、林、复磺、氟喹
耐青霉素的金黄色葡萄球菌	化脓创，鸡、兔葡萄球菌病，奶牛乳腺炎等	苯唑西林或氯唑西林	头、庆大、阿米、氟喹、红、林、复磺、氟喹

（续）

病原微生物	所致主要疾病	首选药	可选药物（简写）
溶血性链球菌	猪、羊、鸡链球菌病	青霉素	红、阿莫、复磺、磺、林
化脓性链球菌	化脓创、乳腺炎等	青霉素	氨苄、红、头
马腺疫链球菌	马腺疫	青霉素	阿莫、红、四、林
肺炎球菌	肺炎	青霉素或阿莫西林	红、多西、阿莫
棒杆菌	棒杆菌病	青霉素	红、甲硝唑、氯
炭疽杆菌	炭疽	青霉素	红、多西、氨苄
破伤风梭菌	破伤风	青霉素	四、红磺
猪丹毒杆菌	猪丹毒	青霉素	甲硝唑、红、林、四
气肿疽梭菌	牛、羊气肿病	青霉素	青、红、杆菌肽
产气荚膜梭菌	气性坏疽	青霉素	
魏氏梭菌	仔猪红痢、羔羊痢疾、羊肠毒血症、鸡坏死性肠炎等	甲硝唑	
单核细胞李氏杆菌	李氏杆菌病	氨苄西林或阿莫西林	庆大、红、多西、复磺
结核分枝杆菌	畜禽结核病	异烟肼	利福平、链、氟喹
革兰氏阴性菌			
大肠杆菌	畜禽的大肠杆菌病	环丙沙星或庆大霉素	其他氟喹、阿米、多、复磺
沙门氏菌	畜禽的沙门氏菌病	环丙沙星或氯霉素	其他氟喹、庆大、阿米、氨苄、阿莫、复磺
绿脓杆菌	烧伤创面感染，尿道、呼吸道感染，败血症、乳腺炎、脓肿等	多黏菌素B或庆大霉素	羧苄、阿米、氟喹、头
巴氏杆菌	畜禽的多杀性巴氏杆菌病	恩诺沙星	其他氟喹、链、四、复磺
坏死梭杆菌	坏死杆菌病、腐蹄病、脓肿、乳腺炎、坏死性皮炎、坏死性口炎、坏死性肠炎	复方磺胺类或磺胺类	四
鼻疽杆菌	马鼻疽	土霉素	复磺、链、恩诺
布鲁氏菌	家畜布鲁氏菌病	多西环素＋庆大霉素；氯霉素	复磺、环丙、多
副鸡嗜血杆菌	鸡传染性子宫炎	庆大霉素	链、阿米、氯、复磺
马生殖道嗜血杆菌	马传染性子宫炎	氨苄西林	四、氯、阿米、复磺
胸膜肺炎放线杆菌	猪接触传染性胸膜肺炎	恩诺沙星	阿莫、氨苄、其他氟喹
支气管败血波氏杆菌	猪传染性萎缩性鼻炎、兔支气管炎	恩诺沙星	氟喹、复磺、多西
鸭疫巴氏杆菌	鸭传染性浆膜炎	阿米卡星	氟喹、庆大、复磺
土拉弗郎西斯氏菌	土拉杆菌病（野兔热）	链霉素	庆大、多西、恩诺
耶尔森氏菌	小肠、结肠耶尔森氏菌病，伪结核病	链霉素或庆大霉素	氯、四、复磺
弯杆菌	弯杆菌性流产、弯杆菌性腹泻	庆大霉素或氨苄西林	四、红、链、复磺、克林、氟喹

（续）

病原微生物	所致主要疾病	首选药	可选药物（简写）
螺旋体、无浆体、放线菌及支原体			
猪痢疾密螺旋体	猪痢疾	痢菌净	林、泰、二甲硝咪唑
兔密螺旋体	兔密螺旋体病	青霉素	红、四
钩端螺旋体	家畜钩端螺旋体病	青霉素	四、氯、链
伯氏疏螺旋体	莱姆病	青霉素	四、红
无浆体	牛、羊无浆体病	多西环素	土、四、金
牛放线菌	放线菌肿	青霉素或氨苄西林	红、林、多西、链
猪肺炎支原体	猪气喘病	恩诺沙星或单诺沙星	多西、土、泰、林
鸡败血支原体	鸡慢性呼吸道病	恩诺沙星或单诺沙星	泰、四、红、其他氟喹
鸡滑液囊支原体	鸡滑液囊炎	恩诺沙星或单诺沙星	泰、四、红、其他氟喹
牛丝状支原体	牛传染性胸膜肺炎	恩诺沙星或单诺沙星	四、泰、链、其他氟喹
山羊丝状支原体	山羊传染性胸膜肺炎	恩诺沙星或单诺沙星	泰、四、其他氟喹
鹦鹉热衣原体	衣原体病	青霉素	四、红、氯
真菌			
烟曲霉菌、黄曲霉	禽曲霉菌病	制霉菌素	克、两
白色念珠菌	念珠菌病、鹅口疮	两性霉素 B	制、克、酮康唑
囊球菌	马流行性淋巴管炎	制霉菌素	四、克、两
毛癣菌、小孢子菌	皮肤霉菌病	两性霉素 B	灰黄、制、酮康唑

注：可选药物为简写，如：复磺＝复方磺胺药；氟喹＝氟喹诺酮类药；阿米＝阿米卡星；阿莫＝阿莫西林；磺＝磺胺药；四＝四环素类；头＝头孢菌素类；林＝林可霉素；多＝多黏菌素类；多西＝多西环素；克＝克霉唑；两＝两性霉素 B；制＝制霉菌素；红＝红霉素；氨苄＝氨苄青霉素；青＝青霉素；链＝链霉素；庆大＝庆大霉素；氯＝氯霉素；金＝金霉素；泰＝泰乐菌素；恩诺＝恩诺沙星；环丙＝环丙沙星；克林＝克林霉素；土＝土霉素；灰黄＝灰黄霉素。

第五节　物理疗法

一、冷疗法

冷疗法是以低于皮温的冷刺激作为基本的作用因子，来治疗炎症（常指外科炎症）的一种物理疗法。

【作用机制】冷刺激可使被作用的部位血管收缩，血液流入量减少，借以减轻过度充血，制止出血，减少炎性渗出，控制炎症的发展。冷刺激还能使局部血液中红细胞、白细胞数量增加，血红素增多，血液比重、黏稠度及碱储均增高，这有利于使组织内的渗出液加速进入血液。同时，冷刺激又能降低神经系统的兴奋性和传导性，从而产生镇痛效果。

【适应证和禁忌证】冷疗法广泛应用于一切急性无菌性炎症，如挫伤、扭伤和蹄叶炎等病的初期，手术后的出血及组织内溢血的止血等。

禁忌证为一切化脓性炎症和慢性炎症。

【常用冷疗法】

1. 冷敷法 将大块纱布或毛巾浸入5～10℃的冷水或冷药液（常用2%的醋酸铅液）中，取出后贴于发炎部位，并以绷带固定。其后，应不待冷敷料变热就交换新的冷敷料或浇注冷敷液。每天数次，每次30min。为了避免患部皮肤遭受浸渍，可采用干冷法，即将装有冷水、冰块或雪的胶袋贴敷于患部，同样也用绷带固定。

2. 冷蹄浴法 本法适用于蹄、趾（指）部或屈腱部的急性无菌性炎症。先将冷水注入蹄浴桶内（或用帆布、胶皮水桶），再将洗净的患蹄置于桶内持续0.5～1.5h。为了保持桶内水处于冷的状态，可经常换水或连续注入冷水。也可将患畜置于砂石底的小河沟内，使其站在冷凉的流水中。

3. 冷黏土法 用冷水将黏土调制成黏糊状，涂敷于患部。为了增强其冷却作用，可以向每千克水中加入2食匙食醋。冷黏土含多种无机盐类，并具有高度的容冷性和较低的导热性，且有较大的可塑性和显著的吸湿性。所以，它从组织内吸取的温热比冷敷时要多，并且变热缓慢，同时，对局部还能产生机械压迫作用。

4. 制冷剂喷雾法 将制冷剂（如液态CO_2）装入特别的喷雾器内，向患部喷射雾状制冷剂。制冷作用迅速、应用方便是其优点，但作用不够持久。

【注意事项】防止长期持续使用冷疗法，以免引起静脉性淤血，甚至组织坏死。

二、热疗法

热疗法也称温热疗法，是用稍高于体温的温度（40～50℃）刺激发炎部位，达到治疗炎症目的的一种方法。

【作用机制】温热的刺激可使患部组织血管扩张（主要是毛细血管和大静脉的主动扩张）、血液循环增强、白细胞的吞噬作用提高，从而加速了局部炎性产物的吸收和消散。温热刺激还可提高局部组织新陈代谢和酶的活性，从而加速组织的修复。温热疗法也具有一定的镇痛作用。

【适应证和禁忌证】本法适用于各种急性炎症的后期以及亚急性和慢性炎症。如亚急性和慢性腱炎、肌炎、关节炎，以及未出现组织化脓溶解的化脓性炎症初期等。风湿病应用温热疗法效果也很好。

禁忌证：急性无菌性炎症初期、组织内有出血倾向、炎症肿胀剧烈、急性化脓坏死性炎症及恶性肿瘤等。

【常用热疗法】

1. 热敷法 热敷法的敷料一般由四层组成：第一层是直接被覆于患部的湿润层，常用2层毛巾、4层布片或脱脂棉制作，面积比患部稍大；第二层是不透水的隔离层，一般用油纸、油布或塑料布制成，面积稍大于第一层；第三层是导热不良的保温层，用普通棉花制成棉垫或用毡垫、泡沫塑料即可；第四层是固定层，即用普通绷带将前三层固定于患部。

施行热敷时，先将患部洗净擦干，然后将湿润层浸渍热水（以不烫手为宜），取出适当拧挤后覆于患部，再按上述四层顺序加以包扎固定。

为加强热敷疗效，可将热水换成加热的复方醋酸铅液（醋酸铅5.0g，明矾1.0g，水1 000.0mL）、10%硫酸镁溶液或食醋等。如能用95%、75%酒精或普通白酒加热后热敷，施行酒精热绷带疗法疗效更佳。还可做干热法热敷，即将热水装入胶皮袋中，或通入盘或一定形状的胶管中置于患部，同样包扎固定。

热敷法一般每天3次，每次30～60min。

2. 热蹄浴法 先将热水（40～50℃）倒入蹄浴桶内、然后将清洗干净的患蹄放入桶中进行热浴。当水变凉时应换水。蹄浴时间为0.5～1.5h。根据需要，可向热水内加入高锰酸钾、来苏儿、碘酊或食盐等。

3. 热黏土疗法 用开水将黏土调成糊状，冷却至60℃后，迅速将其涂布于厚布上覆于患部。外面覆以胶布或塑料布，包上棉垫，最后包扎固定。本法常用以治疗慢性关节炎、滑膜囊炎、骨膜炎及挫伤、风湿病、肠臌气、牛的前胃弛缓、肠痉挛等。

在取材方便的地方，将矿泉泥、海泥、湖泥、火山泥、池塘泥等加温后敷于患部，疗效甚佳。也可将酒糟、麸皮或沙子炒热装到布袋中置于患部也很有效。

4. 石蜡疗法 治疗用石蜡以熔点为52～55℃的白色石蜡为最好，也可用熔点稍高的黄色石蜡。石蜡的热容量大，导温性低，保温性高，可塑性好，并具有一定的压敷作用，所以其热疗效果远优于一般热敷。

治疗前，先将一定量的石蜡掰成小块，置于金属容器中，放入水浴锅中加温熔化。石蜡温度不宜超过85℃。若石蜡中混有水分或用于创伤的治疗时，应将石蜡加热到100℃，持续20～30min，以利于水分蒸发及灭菌，然后再冷却至85℃备用。石蜡疗法每次40～90min。每天1次或隔天1次，连用数次。

治疗时，先将患部剪毛、洗净、擦干。为防止烫伤，可用毛刷蘸65℃石蜡涂布患部2～3层，以形成“防烫层”。或者在患部包上1～2层绷带，既可防烫，又可防止更换石蜡时拔毛。上述准备工作完成后，根据情况选用下列方法进行治疗：

（1）石蜡热敷法 在防烫层上迅速涂布大量的石蜡，直到形成1～1.5cm厚的蜡层，外包塑料布和保温层，用绷带固定。另外一种方法是将石蜡倒入盘中，待其稍凝固，制成石蜡饼，置于患部，包扎，固定。

（2）石蜡棉纱热敷法 将5～8层纱布块浸入石蜡溶液中，充分浸透，取出稍加拧挤，覆于患部，包以塑料布、保温层，绷带固定。

（3）石蜡热浴法 主要用于治疗四肢下部疾病。先将直径大于患部最粗处5cm左右结实的塑料筒套到四肢下部的患处，下口用绷带扎紧于肢体上，将石蜡液倒入筒内，力求使石蜡均匀分布于患部周围，扎住上口，外加保温层，用绷带固定。

（4）石蜡袋热敷法 将石蜡装入结实的塑料袋内，封闭袋口，覆于患部，外加棉垫，包扎固定。再次应用时，可将石蜡袋置水浴锅中直接熔化。

【注意事项】

（1）有伤口的炎症，禁用水和酒精等热敷，否则会使病情恶化。

（2）各种热疗法之后，患部应包扎保温绷带，以延续患部的主动充血状态。

（3）石蜡热疗时，石蜡液中不要混入水分，因含有水分的石蜡易引起烫伤。

三、冷冻疗法

采用制冷手段，使发生病变的活组织冻结、坏死，而达到治疗某些疾病的方法称冷冻疗法，又称冷冻外科疗法。

【适应证】本法适用于皮肤（或黏膜）上的肿瘤、外伤性增生性炎症，某些溃疡和瘘管等疾病。

【制冷手段】目前，采用的制冷手段主要有3种：一是半导体制冷，也称温差电制冷；二是气体节流冷却制冷，即使压缩气体通过小孔迅速膨胀并部分液化，使温度迅速下降；三是相变制冷，利用制冷剂相变化的物理过程达到制冷目的。液态氮是兽医临床常用的制冷剂，它无色无味、无毒性、不燃、不爆，比重0.81，沸点−195.6℃。

【术前准备】

1. 动物准备 术前应对患畜详细检查，包括全身和局部检查，确定肿瘤或增生物的种类、大小和界限等。

2. 术部准备 剪毛、清洗、切取病理组织学检查的标本，病变组织较大的可先行手术切除，彻底止血。用泡沫塑料、木片、X线底片等做术部隔离，目的是保护正常组织。因有时制冷剂能在隔离物下沉积，所以有人认为不隔离更好。

【冷冻方法】

1. 接触冷冻法 按病损形状、大小，选择小于病损1～2mm的冷冻探头，安装于冷冻仪输液管端，将探头接触病变部位并稍加压力。

如无冷冻仪，可用棉球浸透液氮直接敷于患部，能冻透1.5cm深。还可用小木棍蘸取液氮涂于损伤部，也能透入深部。

2. 喷射冷冻法 在冷冻仪输液管端安装冷冻喷头，将制冷剂直接喷射于病损表面。

3. 插入冷冻法 将冷冻探头插入病损中心部，由中心向周围冻结。

4. 倾注冷冻法 将漏斗状冷冻喷头盖在病损部，将制冷剂直接注到病损部。

采用上述冷冻方法的冷冻时间，可根据病损组织的大小而定。冷冻次数：对软组织只冻结1次，即可使病损部坏死、脱落，必要可冻结2次；对致密的肿瘤组织，有的需要冻3～4次。

【注意事项】

（1）冷冻破坏细胞无选择性，因此冷冻疗法有一定的适应证，不可随意滥用。

（2）冷冻后应保持局部清洁，防止感染，并注意观察组织坏死脱落时是否发生出血，有出血时要及时止血。

（3）并用其他疗法时，应及时进行。

四、烧烙疗法

本法是用加热的烙铁对患部皮肤及深部组织甚至骨进行烧烙的一种强刺激疗法。由于强烈的刺激作用，可引起患部剧烈的急性炎症过程，从而加速原有炎症的消散或吸收。烧烙骨组织时，可加速钙盐的分解。

【适应证】主要用于慢性关节疾病，如骨关节炎、慢性关节周围炎和骨化性骨膜炎等，也可用于慢性腱炎及腱鞘炎。有时，也用于烧烙止血和流行性淋巴管炎的治疗。

【术前准备】

1. 术部准备 患部剪毛、消毒，用普鲁卡因液局部浸润麻醉或做神经干传导麻醉，正确确定烧烙部位和界限，设计安排好各烧烙点线的位置，最好在皮肤上做出标记。

2. 器械准备 最常用的是用炉火加热的普通烙铁，烙铁的尖端多制成刀状、球状、锥状等形状；还有用乙醇加热的自动烧烙器，也有刀状、球状、锥状和针状等各种烙铁头。将烙铁加热到黑红色或赤红色（不可烧成白红色）后即可烧烙。

【烧烙方法】

1. 根据烧烙深浅分类

（1）浅层烧烙　用加热到黑红色的烙铁，将皮肤的浅层烧成黄褐色干痂，不出现渗出物。

（2）深层烧烙　用加热到赤红色的烙铁，将皮肤深层（到真皮层的大部分）烧成黑褐色，表面出现渗出物。

（3）穿刺烧烙　用赤红色锥状或针状烙铁，穿刺皮肤全层直达骨赘内部。

2. 根据皮肤烧烙面的形态分类

（1）线状烧烙　主要适用于体表较平坦的部位（如屈腱部）。用刀状烙铁烙成若干平行排列的线条，线与线之间距离 1.5～2.0cm。一般先用赤红色烙铁先画线，再用黑红色烙铁反复烙画，直到所需要的深度为止。

（2）点状烧烙　主要用于体表不平的部位（如关节）。用球状烙铁在患部烙成若干排列整齐的烙点，点与点之间距离为 1.5～2.0cm。对于有骨赘的部位，根据骨赘的大小，在点状烧烙中用赤红烙铁夹一至数个穿刺烧烙，但切勿穿入关节腔中。此种混合烧烙法，常用于跗关节的骨关节炎治疗。

【注意事项】

（1）烧烙后术部应涂布碘酊，装保护绷带，保持术部清洁干燥，绷带 1 周后拆除。

（2）患畜停止使役，每天早晚各牵遛运动 1h。

（3）烧烙后若患部急性炎症过于剧烈时，可适当加以外科处理，如冷敷、普鲁卡因封闭等。

五、按摩疗法

按摩疗法，就是用各种手法或器具施展机械性刺激作用于体表，以达到治疗疾病或增强机体生理功能之目的。

【作用机制】

（1）增强局部血液和淋巴液循环，促进渗出物吸收，消除瘢痕粘连；改善局部的营养，促进再生；提高肌肉的紧张力和收缩力。

（2）按摩还具有全身性的调节作用，通过温柔和强烈手法，调节中枢神经系统的兴奋和抑制过程。轻刺激有镇静作用，重刺激有兴奋作用，过重刺激又有抑制作用。

（3）按摩可通过节段反射，调整相应脏器的功能。

【适应证和禁忌证】适用于挫伤、肌肉萎缩、神经麻痹、肌炎、肌肉过劳、肌肉风湿、骨痂形成缓慢、黏液囊炎和腱鞘炎等。

禁用于按摩部的皮肤有破损、皮肤病、淋巴管炎、化脓性炎症、血栓性静脉炎、肿瘤及有高热者。

【按摩方法】中兽医的按摩又称推拿。讲究手法和循经取穴，基本手法有 20 余种，常用手法有推、拿、按、摩、搓、摇、揉、点、压、滚和拍等 10 余种。现代兽医学的按摩，主要是讲究机械刺激的强度持久性，在临床工作中，常用以下几种方法。

1. 按抚法 用拇指或掌根按压患部，须逐渐施加压力并做捻动，放松后反复操作。按抚先从病部周围健康部位开始，然后转移到患部，按抚完成后再于健康部结束。

2. 摩擦法 用拳、掌或指腹回转地摩擦皮肤及深在组织，可向任何方向进行。

3. 拿捏法 将患处的肌肉用单手或双手拿定、捏起、用力挤压并渐次向左右展开，再回到原处。

按摩可每天进行1～2次，每次10～15min，一般10d为一个疗程。

【注意事项】局部要先刷洗干净，保持局部干燥。术者手也要保持干爽，必要时可擦滑石粉。

六、光疗法

（一）红外线疗法

红外线是位于可视谱中红色光线以外的光线，其波长为760nm至1 000μm，应用治疗的主要是波长760nm至15μm部分。日光中含有60%左右的红外线，因而日光浴也可起到红外线治疗的作用。但它常受自然条件限制，故临床上常采用红外线人工光源。

【作用机制】红外线可使局部温度升高，起到温热疗法的作用。

【适应证和禁忌证】本法适用于各种亚急性与慢性炎症，如扭挫伤后期，肉芽创、溃疡、湿疹、神经炎及风湿症等。

禁用于急性炎症、恶性肿瘤和急性血栓性静脉炎等。

【应用方法】

1. 红外线灯疗法 此灯发出的光除少量红色可见光线，几乎都是红外线，通电后温度可达500～700℃。距离畜体60～80cm，每天照射1～2次，每次30min。

2. 人工太阳灯疗法 该灯有多种型号，小型的200W，大型的500W或1 000W，其温度可达2 800℃。产生的辐射光，80%～90%为红外线，还有少量可见光和紫外线。照射距离50cm左右。每天1～2次，每次30min。

（二）紫外线疗法

紫外线是位于光谱中紫色光线之外的光线。医学上应用的紫外线，波长主要在200～400nm的一段。它又分为3段，其中，以中波紫外线预防和治疗疾病的效果最好，而短波紫外线杀菌作用较好。

【作用机制】机体照射紫外线后，在被照射的皮肤内可形成一种类组织胺的物质，它具有拟副交感神经的作用，使血管扩张，诱发炎症过程。但是这种物质形成缓慢，需要相当的照射剂量照射后经6～12h的潜伏期，才能在皮肤上形成红斑。红斑持续的时间短的10～12h，长的可达数日。红斑消失后，皮肤干燥，可能会出现脱皮。动物皮肤上多有色素，所以红斑反应不明显。此外，不同动物及不同区域的皮肤，对紫外线的感受性各不相同。

紫外线并不透入组织深部，只作用于表面毛细血管网和神经末梢。因此，它首先在上皮中引起理化学和形态学的改变，再通过神经反射影响整个机体。紫外线的作用主要有以下几个方面：

1. 促进肉芽及上皮形成 适当剂量的紫外线，可加速炎性净化，促进组织修复，且有镇痛和止痒作用。

2. 抗佝偻病作用 紫外线可使皮肤内维生素D原转变为维生素D。

3. 增强造血机能 对贫血动物红细胞的再生有刺激作用，还可使血色素和血小板增加，因此可缩短凝血时间。

4. 杀菌作用 波长越短，杀菌力越强。链球菌对紫外线最敏感，金黄色葡萄球菌和大肠杆菌次之，结核杆菌则有较强的抵抗力。

5. 其他作用 对神经系统，小剂量的紫外线照射有镇静效果，大剂量则有兴奋作用；对消化系统，小剂量照射对胃肠分泌有兴奋作用，大剂量则有抑制作用。

【适应证和禁忌证】适用于皮肤炎、湿疹、褥疮、久不愈合的创伤、溃疡、疖病、神经炎、风湿病及佝偻病。此外，对急慢性支气管炎、渗出性胸膜炎、大叶性肺炎末期和牛的前胃弛缓等均有疗效。

禁用于进行性结核病、恶性肿瘤、出血性疾病和心脏代偿机能减退等。

【应用方法】目前，常用的紫外线灯有水银石英灯和氩气水银石英灯两种。

照射紫外线灯之前，先要测定生物剂量。在兽医临床上，由于许多家畜皮肤有色素，观察红斑较困难，故用肿胀反应代替红斑反应。肿胀剂量的测定，一般在颈侧平坦部位进行。测定器由双层胶布制成，上有5～6个长方形孔洞，每一个孔洞都可随时控制开闭。将紫外线灯打开，灯头对准孔洞，灯头至皮肤距离50cm。先打开第一个孔洞照射3min，再打开第二个孔洞，在前一个孔洞已打开的情况下再照射3min，以此类推。最后一个孔洞照射结束后关闭紫外线灯，经过24h后鉴定被照射部位皮肤的反应，以出现轻微浮肿和疼痛的照射时间为1个肿胀剂量。

治疗时，照射剂量应依病情而定。对于炎症性疾病，可每天施行1次，每次1～2个肿胀剂量；越是慢性炎症、病程久的顽固性炎症，剂量越大，最高的每次用4个肿胀剂量。对于某些内科疾病及预防佝偻病等，一般不宜超过1个肿胀剂量。

【注意事项】

(1) 患部应事先清理干净，以防紫外线被介质吸收影响疗效。

(2) 照射动物头部时，应将其眼睛用有色眼罩遮上，以防损伤眼部。

(3) 医疗人员必须穿上防护服装，戴上深蓝色的防护眼镜。

(4) 紫外线能电离空气，形成有害气体，故必须使光疗室通风良好。

(三) 激光疗法

激光，即由受激辐射的光放大而产生的光，它具有方向性强、亮度高、单色性纯与相干性好的特点。激光技术是20世纪60年代初发展起来的一个新的光电子技术，但其发展异常迅速，目前已在工业、农业、广播电视、国防、科研及生物医学等各个领域得到广泛应用。

激光技术在我国兽医界的应用是从1978年开始的。目前，激光技术已广泛应用于兽医外科、内科、产科、传染病及中兽医等各科临床。

激光器主要包括固体激光器、气体激光器和液体激光器。此外，还有半导体激光器和化学激光器等。

1. 固体激光器 如红宝石激光器、钕玻璃激光器、掺钕钇铝石榴石（Nd-YAG）激光器等。优点是体积小、输出大、使用方便，但价格较高，多为高能量激光器。

2. 气体激光器 在兽医临床上广泛应用，如He-Ne激光器、CO_2激光器、N_2激光器、He-Cd激光器和Ar激光器等。优点是价格较低、操作简便，但输出功率一般较小。

3. 液体激光器 如有机染料若丹明激光器、掺铝氯氧化磷激光器等，常用于眼科疾病的治疗。

【作用机制】

1. 高能量激光 利用其产生的高热效应、压强效应，能产生“激光刀”的作用，用以进行手术、烧灼和气化组织。

2. 中等能量激光 也是利用其适当的热效应，能使蛋白质变性，可以“焊接”某些组织，如皮肤和肠管，目前属于科学研究前沿技术。

3. 低能量激光 利用其产生的热效应、压强效应、光化学效应和电磁场效应，可以治疗多种疾病。它能增强组织代谢，刺激组织再生、消炎和镇痛。刺激机体免疫功能，调节内分泌系统的平衡、增进胃肠蠕动、提高酶的活性和增强唾液分泌等。低能量激光进行穴位照射时，还可通过对经络的影响，调节体内阴阳平衡和气血运行，改善脏腑功能，从而起到治病的作用。

低能量激光照射的剂量过大能产生对免疫功能抑制的作用。利用这一点，在器官移植上可减轻排斥反应。

【治疗方法】

1. 照射 常用He-Ne激光器和低功率的CO_2激光器。

(1) 适应证 外科的急慢性化脓和非化脓性炎症、创伤、扭伤、骨折、冻伤、烧伤、溃疡、关节病、腱及腱鞘炎、面神经麻痹、风湿病、湿疹及皮炎等；内科中的犊牛消化不良等；产科中用He-Ne激光照射阴蒂可促进牛的发情，照射阴蒂和地户穴可治疗子宫与卵巢疾病，还可治疗乳房炎；传染病中的仔猪白痢等。

此外，He-Ne激光照射马、牛、羊、犬的浅表外周神经干的经路（正中神经和胫神经），可获得良好的全身性镇痛效果。

(2) 照射方法 离焦照射，是用激光的原光束或散焦后的光束直接照射患部。一般He-Ne激光照射距离为50～80cm，时间为10～30min，每天1次，10～14次为一个疗程。CO_2激光（一般为6～30W）可散焦照射，以被照部位皮温不超过45℃为宜，照射时间10～30min，每天或隔天1次，10～14次为一个疗程。

穴位照射：一般是用激光原光束或聚焦后，对准穴位进行照射。He-Ne激光一般每个穴位照射10～20min；CO_2激光穴位照射类似火针，每次数秒钟。

2. 凝固、炭化和烧灼

(1) 适应证 大面积赘生的肉芽组织、浅在较小的皮肤新生物等。

(2) 应用方法 用30W的CO_2激光，经聚焦后对病变组织反复扫描，直至其炭化坏死。国外常应用Nd-YAG激光器烧灼病变组织和进行皮肤、肠管的“焊接”。

用激光烧灼组织的优点是可不麻醉、不消毒且不出血、速度快和健康组织损伤少。

3. 切割、分离 即进行激光手术，切除各种病变组织，优点是渗出、出血、感染及组织损伤均少，手术时视野清楚、干净，有利于手术操作、缩短手术时间。缺点是切口愈合较慢。

使用的激光器多为高能量的CO_2激光器和Nd-YAG激光器。在切割时，刀头移动要适宜，移动慢则切割深，移动快则切割浅；刀头要避开主要神经、血管；要注意保护周围健康组织，常用的方法是在切口周围注射大量液体（生理盐水或局麻药液），或在切口周围用浸有生理盐水的纱布加以保护。

【注意事项】 工作人员在操作时，要戴上特别的防护眼镜，穿好防护服，以防止激光对人的眼睛、皮肤、中枢神经系统及内脏的损害。

七、电疗法

（一）直流电疗法

直流电疗法是应用直流电作用下机体达到治疗目的的方法。

【作用机制】 在直流电的作用下，两极之间形成了固定的电场，体内离子即行移动。经过一段时间，在阴极下，K^+、Na^+ 相对增多，而 Ca^{2+}、Mg^{2+} 相对减少，故而使阴极下的组织趋于酸性，细胞膜通透性增强、组织软化、神经兴奋、蛋白质溶解、血管扩张；相反在阳极下，Ca^{2+}、Mg^{2+} 相对增加，而 K^+、Na^+ 相对减少，阳极下组织的变化也相反：酸碱反应趋于碱性、细胞膜通透性降低、组织硬化、神经镇静、蛋白质凝固、血管收缩。

【适应证和禁忌证】 适用于各种亚急性和慢性炎症，如腱炎、腱鞘炎、关节炎、肌炎、风湿病、挫伤、腮腺炎和咽炎等；还适用于神经炎和神经麻痹等。

禁用于急性化脓、皮炎和溃疡等，对直流电敏感者也不可应用。

【应用方法】 先在动物体上安置两个电极，一个是治疗电极，又称为有效电极；另一个是无效电极。可根据需要选择阴极或阳极做治疗电极。治疗电极应放置于患部。电极放置方法有两种，一种是对置法，即两电极对立放置，中间隔着组织；另一种为并置法，即两电极都在组织的同一侧排列。通常治疗电极要小于无效电极，以使治疗电极下的电流密度大一些。

在安放电极前，先将局部剪毛、洗净。金属的电极与皮肤之间放置稍大于电极的衬垫物（可为吸湿良好的纱布 8～10 层；或棉织物、绒布、棉垫等，厚度 1cm 以上）。放好电极后，用绷带或胶带固定，用导线连接电极与治疗机。

治疗剂量：治疗电极衬垫面积每平方厘米不超过 0.5mA，如衬垫面积为 $100cm^2$，则治疗电流不超过 50mA。每次治疗 20～30min，每天或隔天 1 次，25～30 次为一个疗程。

注意通电时应由小到大，不可突然通电与断电。衬垫应展平，以防热伤。

（二）直流电离子透入疗法

本法兼有直流电和药物的作用，故疗效更为显著。

【作用机制】 与直流电疗法相同。只不过治疗药物的有效成分若为阴离子，就能从治疗电流的阴极透入机体；反之，阳离子可从阳极透入机体。

临床上常用属于阴离子的药物有碘化钠（碘离子）、硫代硫酸钠（硫离子）、水杨酸钠（水杨酸离子）、安替比林、维生素 C 和青霉素等；属于阳离子的药物有氯化钙（钙离子）、硫酸镁（镁离子）、硫酸锌（锌离子）、硫酸铜（铜离子）、硝酸士的宁、盐酸普鲁卡因、链霉素和磺胺噻唑等。

【应用方法】 先将选定的药物配成水溶液，浸润衬垫，置于与药物相应的电极下，即可通电治疗。一般每次 20～30min，每天 1 次，连用 7～10d。

（三）感应电疗法

在感应交流电的影响下，不发生电解作用，也无足够的离子移动，故电流在组织中电阻容易扩散，从而兴奋神经和肌肉，引起肌肉收缩。肌肉收缩时可驱出血管内血液，肌肉弛缓时又充满血液，这样就改善了血液循环和肌肉的营养代谢，同时，也加强了神经对肌肉功能的调节作用。但如果肌肉长时间痉挛，可使其营养受到阻碍，故在治疗时以应用有节律的感应电流为佳。

【适应证和禁忌证】适用于肌肉萎缩、肌肉剧伸、神经麻痹、手术后恢复肌肉功能、防止粘连和萎缩。

禁用于急性炎症过程、痉挛和感应电流过敏者。

【应用方法】感应电流机有两个电极，板状的无效电极和衬垫通常置于病畜的背部或腹部。但当仅治疗1条肌肉时，可将其放置于该肌肉的一端。有效电极通常做成轮形或圆形，其外包以衬垫并连接木柄。木柄上装有弹簧按钮开关，以便控制通电的次数和时间。

治疗前，先将患部和固定无效电极的部位剪毛、洗净。用生理盐水浸润衬垫并固定好无效电极，连接导线。

治疗时应间断地通电，一般每分钟通电次数不宜超过40次。每次治疗时间为20～60min。每天1次，10～15次为一个疗程。

电疗法还包括中波透热疗法和中波透热离子透入疗法等。

【注意事项】电疗时应特别注意病畜和工作人员的安全。理疗室应铺地板，地板与地面做好绝缘。地面要保持干燥。保定栏最好为木制，铁管制的保定栏要用绝缘材料包好。理疗室要通风良好，保持空气干燥，严防器械受潮。对长期不用的电疗机要定期通电。

八、特定电磁波（TDP）疗法

特定电磁波（TDP）疗法是用特定电磁波治疗机治疗疾病。该治疗机是将硅、钴、铝、镁、锰、钾、钠、硼、矾、氧、硫、锌、钙、溴、铜、钼和铬等33种元素经特殊工艺制成发射板，然后在300～600℃温度作用下以分子振荡、晶格振荡和原子转动的3种形式发射出综合电磁波来作用于机体。

【作用机制】

1. 热效应　TDP含有大部分红外线和远红外线，因而有明显的热效应，产生扩张毛细血管，促进血液及淋巴循环，增强代谢、消炎、消肿、解痉及镇痛作用。

2. 发出良性信息作用于机体　有人认为，外界不良信息能使细胞膜识别系统发生障碍，使体内电磁波辐射特征变成无序状态，使体内微量元素比值出现异常，从而引发疾病。TDP可发出良性信息，使患畜细胞膜识别系统恢复正常，使电磁波辐射特征变为有序，使微量元素比值也恢复正常，从而达到治疗的目的。

【适应证】适用于外科炎性肿胀、扭伤、挫伤、关节炎、黏液囊炎、腱炎、腱鞘炎、神经麻痹、创伤、风湿病、骨折、溃疡、鼻窦炎、结膜炎和脊髓挫伤等。

内科疾病：仔猪下痢、牛腹泻、羔羊下痢、牛瘤胃臌气、胃肠卡他性炎、咽喉炎、痉挛疝及肾炎等。

产科疾病：乳牛不育症、胎衣不下和乳房炎等。

【应用方法】使TDP治疗头距离患部或患病器官外部的体表30～50cm，开通机器，照射 30～40min。每天 1 次，连用 10～15d。应根据患畜反应和治疗效果调整照射距离和照射时间。

九、磁疗法

磁疗法是用磁场作用于畜体患部或穴位来治疗疾病的方法。该疗法器械简单，操作方便，费用便宜，是一种很好的辅助疗法，在兽医临床上有广阔的应用前景。

【作用机制】

1. 镇痛效果明显　镇痛机制可能是磁场可提高致痛物质分解酶的活性，使缓激肽、组织胺、5-羟色胺等致痛物质分解；磁场还能降低神经末梢的兴奋性和传导性。

2. 消肿作用　磁场能改善血液循环，制止渗出，促进吸收。

3. 消炎作用　磁场有促进免疫功能的作用，同时，增强代谢、改善血循环都有助于炎症消散。

4. 镇静作用　能够解痉，降低肌肉张力，降低神经系统的兴奋性。

5. 加速创伤愈合　能加速肉芽组织的生成，增加新生毛细血管量，促进上皮生长。

【适应证和禁忌证】适应证主要有风湿病、创伤、溃疡、挫伤、关节炎、腱和腱鞘炎、支气管炎、胃肠炎、胃肠功能紊乱、神经炎、乳房炎和腮腺炎等。国外有人报道，用低剂量的磁疗法治疗牛的角膜结膜炎，取得了良好效果。

禁用于体质极度衰弱、有高热及对磁场敏感的患畜。

【应用方法】

1. 磁疗的操作技术

（1）静磁场法　一般是将磁片、磁块或磁珠用胶布贴在选择的穴位上或患部。局部应清洁、干燥。磁材料与皮肤间置一张纸或薄布。接近皮肤的极可以是 S 极或 N 极。

（2）动磁场法　就是将变动的磁场贴近患部或穴位进行治疗，包括交变磁场和脉动磁场两种。前者是用磁感应治疗机，采用 5～100 周/s 的低频交变磁场，选用适当的磁头贴近患部或穴位进行治疗；后者是用直流电脉冲感应磁疗机、同名极旋转磁疗机或磁按摩机等，选用适当的磁头贴近患部或穴位进行治疗。

2. 治疗种类的选择　一般急性炎症、软组织损伤、痛症和皮肤病等多用旋转磁疗机；慢性炎症、风湿病、关节病、病位较深的多用交变或脉冲磁场治疗；胃肠病等多用静磁场疗法。

3. 治疗剂量　静磁场表面强度分为小量（100mT 以下）、中等量（100～200mT）以及大量（200mT 以上）3 种；动磁场也分为小量（100mT 以下）、中等量（100～300mT）和大量（300mT 以上）3 种。

一般体弱者或年幼的动物开始用小剂量，如果疗效不明显，可逐渐增加剂量。还要根据部位考虑剂量，如头部、胸部宜用小剂量，而肌肉丰满处可用大剂量。对慢性病可适当加大剂量。

4. 磁疗的时间和疗程　如果用静磁场贴敷法，可以连续贴 5～7d，间隔 1～2d 再贴，一般可贴 2～5 次。用动磁法，一般每次磁疗 20～30min，每日 1 次，5～6 次为一疗程。对顽固性疾病也可每日治疗 2 次，每次治疗时间可延长至 1h 以上。

十、超声波疗法

超声波是不能引起听觉反应的机械振动波，频率在 500～2 500 千周/s 的超声波才有治疗作用。临床上应用的超声波治疗机发出的超声波频率，一般为 800～1 000 千周/s。

【作用机制】

1. 对皮肤的作用　对皮肤有轻微刺激并有温热感，治疗后皮肤有轻度充血。

2. 对肌肉及结缔组织的作用　对挛缩肌肉有解痉作用，因为超声波有热效应并能使神经兴奋性降低。可软化增生的结缔组织，对瘢痕组织有疗效。

3. 对骨骼的作用　使骨骼获得较多的能量，从而促进骨痂生长。

4. 对神经系统的作用　减弱神经兴奋的冲动，减慢神经传导速度，因而能镇痛。

5. 对心血管的作用　能改善血液循环。

【应用方法】

1. 操作技术

（1）移动法　最常用。治疗前局部剪毛，涂油脂（常用凡士林、甘油和液体石蜡等），然后将声头与皮肤完全密接，不可有空隙，于患部做旋转式或波浪式推动，动作要徐缓均匀。

（2）固定法　声头固定于患部不动，治疗剂量要适当减小。

（3）水下幅振法　多用于凹凸不平的部位。将患部浸入水中，声头对准患部，距离 3～5cm。剂量宜大一些。

2. 治疗剂量　以每平方厘米的声头发射面上振动功率的瓦特数计算。治疗时常用 0.5～1.5W/cm^2，最大不超过 3W/cm^2。治疗时间每次 3～15min，每天或隔天 1 次，10～15 次为一个疗程。

【适应证和禁忌证】适用于神经炎、肌炎、风湿病、扭伤、挫伤、乳腺炎和胃炎等。

禁用于恶性肿瘤、心力衰竭。生殖器官对超声波敏感，故孕畜不宜采用本法治病。

第六节　病理机制疗法

一、封闭疗法

本法是用不同浓度与剂量的盐酸普鲁卡因液注射到机体内治疗疾病的一种方法。

临床上早已广泛应用，对各种炎症的治疗都有较好疗效。近年来的实践表明，用盐酸利多卡因代替普鲁卡因同样能起到封闭疗法的作用。

【作用机制】普鲁卡因能够阻断或减缓各种内外不良刺激向中枢神经系统的传导，从而保护了大脑皮层，使其恢复对组织器官的正常调节功能。它还能阻断由感觉经路到血管收缩神经的疼痛反射弧，故而封闭后不仅能消除疼痛，而且有缓解血管痉挛的作用。这样就能改善局部血液循环，减少或制止炎性渗出与浸润，促进炎性产物的吸收，加速炎性净化过程。

另外，普鲁卡因对神经系统具有良性刺激作用，从而起到营养神经、提高新陈代谢、加速组织修复的作用。

【适应证和禁忌证】本法应用范围很广，无论是对急性还是慢性，无菌性还是感染性炎症，均有一定疗效。此外，对植物性神经功能紊乱、神经营养失调以及肌肉紧张度失常的疾病疗效也较好。

禁忌证：严重的全身感染性疾病、机体重要器官已经发生坏死性病变、化脓坏死性静脉炎以及有骨裂可疑时。

【常用封闭方法】

1. 病灶周围封闭法 将0.25%～0.5%的盐酸普鲁卡因液注射到病灶周围的健康组织内。根据病灶大小，可分成数点进行皮下、肌内和病灶基底部注射，力求将病灶完全包围封闭。应用时，如能向药液中加入青霉素（量可依动物大小和病灶范围灵活掌握，一般用40万～80万IU），效果更好。

2. 四肢环状封闭法 将0.25%～0.5%的普鲁卡因液注射到四肢病变部上方。在病变部上方剪毛、消毒，分2～3点将针头与皮肤成45°刺入，直达骨面，然后边注射药液边拔针，直到注射完所需剂量。大动物每次50～200mL、小动物5～20mL，隔1～2d进行1次。

3. 静脉内封闭法 将0.25%的普鲁卡因液缓缓注入静脉内，大动物的剂量为每千克体重1mL、小动物每千克体重不超过2mL。每天或隔天1次，一般3～4次即可见效。

4. 穴位封闭法 将普鲁卡因液注射到一定的穴位内，一般前肢疾病常注入抢风穴，后肢注入百会穴。大动物应用剂量0.25%的普鲁卡因液50～100mL、小动物2～10mL，每天或隔天1次，3～5次为一个疗程。

5. 颈下部交感神经节封闭 适用于肺部炎症、胸部炎症。将0.25%～0.5%的普鲁卡因液注射到颈下部交感神经节周围。穿刺部位：从第七颈椎横突前角引垂线与第一肋骨上、中1/3交界处向前引的水平线相交点。针头由此点向对侧后肢跗关节方向刺入1.5～2cm（小动物）或2.5～4.5cm（大动物），注入药液2～10mL（小动物）或50～100mL（大动物）。

6. 颈部迷走交感神经干封闭 适用于肺部和胸膜的炎症。穿刺点：在颈静脉上、中1/3交界处、颈静脉的上方刺入，使针头位于静脉上方即可。在颈静脉中、下1/3交界处为第二封闭点。每次做两点封闭，必要时经1～2d于对侧再行封闭。大动物两点共同封闭，注入25%的普鲁卡因液50～100mL，小动物注入5～10mL。

7. 交感神经干胸膜上封闭 用以治疗胸膜腔及盆腔炎症。国外有报道，用本法治疗各种类型的犬瘟热，疗效甚好。

封闭点：马在第18肋骨前缘、牛在第13肋骨前缘、犬在第13肋骨后缘，以手指顺该缘向上触摸背最长肌与髂肋肌之间形成的凹沟，即为穿刺点。局部剪毛消毒，用适当长度的针头刺破皮肤，向椎体方向推进，抵达椎体后，稍退针头，针尾稍上抬，向椎体下方刺进，使针尖位于椎体的腹外侧面。此时，不见血液流出、针头随主动脉搏动和呼吸有摆动起伏，在针尾处滴少量药液，不见吸入即为穿刺正确。

剂量：大动物每千克体重1mL、小动物每千克体重2mL。总剂量分左右两侧各注射一半。急性病例只注射1次，慢性病例可在7～8d后重复1次。

【注意事项】盐酸普鲁卡因液不得直接注入病灶内，否则有使感染扩散的危险。

二、血液疗法

（一）自家血疗法

本法属于一种非特异性的刺激疗法。

【作用机制】自身血液注射到皮下或肌肉后，首先引起局部神经感受器的反射性兴奋，促进组织代谢，增强机体的反应性。以后自家血的分解产物，可刺激淋巴、循环系统，特别是单核巨噬细胞系统，使这些组织功能大大增强，引起局部白细胞增多、淋巴细胞、红细胞和血红蛋白都增多。

【适应证】风湿病、皮肤病、眼病、鞍伤、创伤、溃疡、淋巴结炎、睾丸炎、精索炎、犬的肛门囊炎和马的腺疫等。

【操作技术】

1. 注射部位 全身应用常注射到颈部皮下或肌内。自家血注射到病灶邻近的健康组织内疗效更好。

2. 注射方法 无菌采取静脉血，立即注射使用。为防止血凝，可先在注射器内吸入抗凝药液。

3. 注射剂量 大动物每千克体重 60～120mL、小动物每千克体重 5～20mL。剂量开始小，以后逐次增加。隔天注射 1 次，4～5 次为一个疗程。

【注意事项】

（1）操作过程要严格无菌。

（2）动作要迅速熟练，防止凝血。

（3）注射自家血后有时体温升高，无须治疗，可很快恢复。

（4）注射 2～3 次后如无明显效果，应停止使用。如有效，隔周做第二个疗程。

（5）对体温高、病情严重或机体衰弱者，禁用本法。

（6）为增强疗效，可配合其他方法，如与普鲁卡因合用。

（7）注射量大时，可分点注射。

（8）本法虽应用很广，但它只是一种鼓舞性辅助疗法，临床上不要单以自家血疗法为主。

（二）血液绷带疗法

本法作用机制与自家血疗法相同。

【适应证】愈合迟缓的肉芽创、溃疡、瘘管、窦道、系部皮炎和化脓创等。

【应用方法】根据病变大小，准备 4～5 层灭菌纱布，无菌条件下采病畜的颈静脉血将纱布浸透，敷在创面上。如创道深或形成窦道者，可直接将血注于创腔中。上面覆以湿性防腐纱布，再敷 1 层塑料布，包扎绷带。

一般经 2～3d 更换绷带。如发现绷带干燥，应以生理盐水浸润后取下，防止强力扯拉绷带，损伤新生的肉芽组织。

（三）干燥血粉疗法

本法是用异种动物的血液经加工干燥，应用于临床治疗各种外伤。

【适应证】关节透创、难愈合的创伤、窦道和瘘管等。对化脓创、肉芽创和溃疡也可加速愈合。

【作用机制】干燥血粉能阻止炎性渗出，使创面干燥，形成痂皮、保护创面。血粉与关节滑液结合可迅速凝固，能闭合关节囊创口，防止滑液外流。血粉还能改善组织营养与新陈代谢，促进组织再生。血粉疗法是异种蛋白刺激疗法，能增强机体的免疫功能。

【操作技术】

1. 干燥血粉的制备 用灭菌带盖的搪瓷盘，无菌采取健康牛血，放置 2～4℃冰箱中冷藏48h，取出，以120℃高压30min，弃去上清液。将凝血块切成薄片，放在灭菌瓷盘中置干燥箱内，于35～40℃条件下干燥。碾碎过筛成细血粉。在95g血粉中加5g普鲁卡因粉，混合均匀。分装小瓶中密封，高压灭菌30min，保存备用。

2. 使用方法 创面行外科处理，撒布适量的干燥血粉覆盖整个创面，或将血粉撒在纱布上敷于创面，而后包扎固定。每隔1～2d更换1次，有肉芽生长可延长更换时间。

【注意事项】干燥血粉应保证无菌防止污染。使用时撒布要均匀。如创面愈合良好，不宜更换过勤。

三、蛋白疗法

应用各种蛋白类物质注射于皮下或肌内的一种非特异性刺激疗法，称为蛋白疗法。

【作用机制】当注入治疗剂量的任何一种蛋白制剂后，机体出现两个阶段的表现。第一阶段为反应阶段，表现为症状暂时恶化，体温升高，脉搏、呼吸增数，局部炎症加剧，经6～8h达到高潮，持续约24h。由于蛋白分解产物对神经系统的作用，血压升高，肾脏对含氮物质的排除增强，胃肠痉挛性收缩停止。第二阶段为恢复或治疗阶段，特点为全身反应恢复正常，局部炎性反应也迅速消散，炎性产物的排除加速。

【适应证】对疖病、蜂窝织炎、脓肿、胸膜炎、乳房炎、恶急性和慢性关节炎及皮肤病等疗效良好。对幼畜胃肠道疾病、营养不良、肺炎也有一定疗效。

【应用方法】一般可用脱脂乳、鸡卵蛋白，同种或异种动物的血液、血清等作为蛋白剂。临床上有时应用过期失效的但未被污染的各种免疫血清。

注射剂量：大动物每次50～100mL、中小动物5～30mL，颈部皮下或肌内注射，隔3d注射1次，2～3次为一个疗程。注意先注射小剂量，以后每次少量增加。

【注意事项】当病畜极度衰弱、急性传染病或慢性传染病恶化，以及心脏代偿机能紊乱、肾炎及妊娠时，不宜用蛋白疗法。

参 考 文 献

郭定宗，2016. 兽医内科学［M］. 3版. 北京：高等教育出版社.
李郁，2016. 畜禽疾病检测实训教程［M］. 北京：中国农业大学出版.
刘宗平，赵宝玉，2021. 兽医内科学［M］. 北京：中国农业大学出版.
唐兆新，2002. 兽医临床治疗学［M］. 北京：中国农业大学出版.
王哲，姜玉富，2010. 兽医诊断学［M］. 北京：高等教育出版社.
张乃生，李毓义，2011. 动物普通病学［M］. 2版. 北京：中国农业出版社.
朱维正，2000. 新编兽医手册［M］. 2版. 北京：金盾出版社.

图书在版编目（CIP）数据

兽医临床治疗学 / 郭昌明，张志刚主编. —北京：中国农业出版社，2022.8
ISBN 978-7-109-29542-1

Ⅰ.①兽… Ⅱ.①郭… ②张… Ⅲ.①兽医学－治疗学 Ⅳ.①S854.5

中国版本图书馆 CIP 数据核字（2022）第 100040 号

中国农业出版社出版
地址：北京市朝阳区麦子店街 18 号楼
邮编：100125
责任编辑：张艳晶　　文字编辑：林珠英
版式设计：杨　婧　　责任校对：吴丽婷
印刷：中农印务有限公司
版次：2022 年 8 月第 1 版
印次：2022 年 8 月北京第 1 次印刷
发行：新华书店北京发行所
开本：787mm×1092mm　1/16
印张：8
字数：180 千字
定价：45.00 元